U0029991

鈔級文字

文字力教練Elton
教你的關鍵20堂熱銷文案寫作課！
從賣點、受眾到表達的銷售技術

林郁棠 著

［推薦序］

我擔心，寫完這本書的他，失業了

暢銷作家／爆文寫作教練 **歐陽立中**

最初認識Elton，是在Wally老師的「講師精進研修講座」。會來上這門課的，基本上都是身懷絕技的職業講師。學員寒暄自介，同時也在掂掂彼此斤兩。但Elton是讓我印象最深刻的一位，他當時是這麼跟我聊的：

「嗨，歐陽，我是Elton。我有買你的故事線上課，真的非常精彩。你真的很厲害！」

我一聽他這麼說，整個人都輕飄飄的，跟他天南地北聊了起來。後來我才知道，他是一位「文字力教練」，精通文字溝通，並落實在生活。

讀到這裡不知道你發現沒有，為什麼Elton在初次見面，就能搶下我的「心占率」呢？先賣個關子，答案就在書裡。

故事還沒結束，此後，我們成為很好的朋友，他常來我辦的讀書會和課程。

有時，還貼心帶點心給我；有時，帶了我寫的書請我簽名。我也常去參加他的課程，像是「文字銷售力」、「破解 Email 行銷的祕密」，上完課甚至欲罷不能，還買了 Elton 的線上課程。

但我一直有個遺憾，就是 Elton 超高含金量的課程內容竟然還沒出成書。好在，你不會有這個遺憾了，因為你現在讀到的這本書，就是 Elton 的全新力作！

我一口氣讀完書稿，暢快淋漓，Elton 不藏私，把所有的「文字技術」全盤托出。但我只擔心一件事，就是這麼老實的他，把吃飯的工具全交給你了，會不會出了書之後，他反而失業了？

但這就是 Elton，抱著失業的風險，也要用一本書，改變你的人生。

或許對你而言，這可能是一本「文案書」。但跟 Elton 認識這麼久，我知道，「文案書」只是他的其中一個層次。我眼裡的「鈔級文字」有三個層次：

#第一個層次是：「文字攻略本」

很多人以為寫作靠的是「天分」，但那只是他們不寫的藉口；也有人認定寫作得靠「靈感」，但那只是他們對寫作的誤解。

一本好的寫作書，就像是「遊戲攻略本」，會把看似複雜的龐大遊戲，拆解的鉅細靡遺，包含關卡怎麼過、任務怎麼解、寶藏怎麼拿。

本書就是文字遊戲的攻略本。Elton 創建文字的六大關卡，分別是：**賣點**、**受眾**、**標題**、**誘因**、**信心**、**行動**。每個關卡都有它的任務，像是怎麼讓顧客想買？怎麼寫出吸睛又吸金的標題？怎麼定位自己的產品？

最後，再給你破關公式，例如：懸點標題是「**驚嘆＋反差**」、廣度連結是「**先描述、再比喻**」、找到賣點是「**列舉賣點→賣點排序→比較差異**」。只要照著 Elton 的攻略闖關，我不信你會卡關。

#第二個層次是：「旅遊景點本」

我讀過不少文案書，大部分文案書中的例子，會給你知名品牌的文案，像是蘋果電腦啊！全聯福利中心啊！但我不禁納悶，到底是你的方法有效，還是這只是後見之明的歸納呢？

可是這本書不一樣，舉例該有的知名品牌文案沒有少，像是「全聯，買進美好生活」、「健康事交給白蘭氏」、「DeBeer，鑽石恆久遠，一顆永流傳」。但更有意思的是，裡面有非常多「個人品牌型文案」例子，像是「艾咪的知識圖卡教學」、「怪醫鳥博士」、「視覺引導師 Dong」等。

知名品牌文案，背後有專業團隊操刀，那是寫來讓你讚嘆的；但個人品牌文案，背後盡是我們的苦思勤寫，那才是你真正做得到的。所以要我說，本書就是一本旅遊景點本，帶你看見這片土地真正的素人文字風景。

第三個層次是：「人脈存摺本」

如果你跟我一樣，是熱愛學習的人，一定會發現書裡提到有好多業界大師的名字，以及他們的著作和課程。像是華語首席故事教練許榮哲老師、知識創業家謝文憲老師、遊戲帶領專家楊田林老師、注意力教練曾培佑老師、活動設計高手莊越翔老師（以上僅羅列一小部分，想知道更多大師請讀完本書）。

從理性的角度而言，他們是這本書裡的文字案例；但從感性的角度而言，Elton 在教你一件事，那就是：「**如何用文字與大師結緣。**」你想想看，當你被寫進作者的書裡，成為經典案例，你的感受怎麼樣？一定開心到不行吧！

對！這就是 Elton 厲害的地方。比起宣揚自己的豐功偉業，他更渴望每一個認真的人，都因為他的文字被看見。

就像他寫完這本書後，偷偷告訴我：「歐陽，我在書裡有三個地方都有提到你喔！」我立刻像在玩《尋找亨利》遊戲本一樣，超級仔細讀完這本書，然後發現：「不只三個地方提到我，是四個！」

你說，被寫進書裡的我，會不會用心推薦這本書？當然會！

Elton 抱著失業的風險，把他所有的「文字密技」都傳給你了。而我想，你唯一能回報他的方式，就是好好讀完這本書，然後打開電腦寫篇心得，讓 Elton 的好書和好課程被更多人知道。不要你學會了，Elton 卻失業了。

你說好嗎？

［推薦序］

打造文字力，把眼球、流量轉換為訂單

《內容感動行銷》作者／「Vista 寫作陪伴計畫」主理人 **鄭緯筌**

臉書告訴我，我和林郁棠老師的相識要追溯至 2018 年 3 月；換句話說，我認識他屆滿三年了！更有趣的是，我們還有 178 位共同朋友，嗯，算得上是處於同溫層之內吧？

老實說，我已經有點忘記當初是怎麼認識這位年輕的講師了？初見他的時候，第一眼便被及肩的長髮所吸引。這人，明明可以輕鬆靠出眾的顏值取勝，卻選擇了作育英才的講師路線，至今仍讓我深感不解。

「林志玲的林，郁芳的郁，隋棠的棠。」聽過一次郁棠老師的自我介紹，你大概就不會忘記這個笑起來宛若鄰家大男孩的年輕講師。我聽他聊過對於教學的想法，起心動念很簡單，就是希冀透過文字本身的多元性，讓人從改變想法開始做起，進而能夠採取行動。

同為職業講師，我自然聽過郁棠老師的線上與實體課程，雖然戲稱他以顏值取勝，但其實也佩服他能夠用淺顯易懂的方式，來解説繁複的文案寫作技巧。更棒的是，經過郁棠老師的指導之後，往往能讓學員們在下筆時可以更精準、更有溫度也更有吸引力。嗯，這一切果然不簡單！

誠然，天底下擅長寫作的高手不在少數，也不乏很會授課的文案老師，但郁棠老師的教法獨樹一格，也讓我留下了深刻的印象。這三年來看他一步一腳印，默默深耕文字力的範疇，也一路開設了文字銷售力、文字溝通力、文字行動力與文字影響力等系列課程，可説是培植了不少人才。

郁棠老師不但認真，更對教學充滿熱忱，難怪能夠締造單堂實體課程賣出 700 人、線上課程賣出 800 人的佳績。等了又等，終於在今年開春聽到他要出版人生的第一本著作，我也很高興有這個機會得以先睹為快！

抽空拜讀本書之後，赫然發現本書不但收錄了大量的本地案例，更揉合了獨特的教學經驗和心法，具有很高的參考價值。更出乎意料的是，我已推出 9 期的「Vista 寫作陪伴計畫」，也被當成參考案例收錄在本書之中。對此，個人也倍感榮幸與親切。

近年來，臺灣出版市場上出現很多與寫作主題相關的書籍，但相較於其他國外或對岸作者的著作，郁棠老師的這本新書不只談寫作理論、架構，更符合國內讀者的具體需求。換句話說，自然也就更接地氣囉！

如果你對如何寫出吸睛的銷售文案感興趣，希望把辛苦獲得的眼球、流量轉換為訂單的話，我很樂意推薦這本好書，讓郁棠老師陪你一起打造鈔級文字力！

目次

Part 4

讓他忍不住看下去、買起來？你需要給他五大情境誘因！

［前言］

時薪六十萬元，你覺得如何？

我曾經花了一小時，寫了一篇銷售文，之後就幾乎沒改過，而且銷售頁幾乎是純文字，但它總共為我賺到約六十萬元的收入。

當然這沒什麼了不起，我只是用來向你說明，只要用對方法，文字就能帶來力量。

我是 Elton，是一名文字力教練，帶你運用文字的多元性發揮影響力。我以文字力為主題，開設公開班，也受邀講課。在我的教學經驗中，不論是學生還是社會人士，都能透過學習快速產出；不論經驗多寡，都能透過學習有效提升自己運用文字的能力。

也許你現在在文案寫作上遇到困難，也許你正在設法寫出好賣的文字，也許你正在努力讓自己的文字更值錢，不滿意現況，就是改變的開始，這本書整理的方法，可以讓你的文字變得更有銷售力。透過這本書的文字，我將與你展開對話，你可以在這些對話中，找到你所需要的各種養分。

這本書以「鈔級文字力」線上課程為基底，並且適度增減內容，重新整理成以下六個篇章：

一、什麼是對顧客的購買決定最具影響力的因素？
二、知道你要寫給誰看，比你寫什麼內容更重要！
三、不只吸睛，更要吸金！現在起決戰標題！
四、讓他忍不住看下去、買起來？你需要給他五大情境誘因！
五、如果他對你沒有信心，你寫什麼都沒用！
六、寫了那麼多，如何才能讓顧客真的採取行動？

如果把每一篇的內容都濃縮成兩個字的重點，依序就是「**賣點、受眾、標題、誘因、信心、行動**」，這六個重點是你一定要學會的。如果時間允許，建議你按照順序看；但如果時間不允許，可以先挑你想看的。當你讀完這本書，如果你想進一步學習，歡迎參考上架於「學到」的「鈔級文字力」線上課程，還有我的其他各類型文字力課程。

本書的案例來源，包含我的、學員的、業界的，還有經典的，我盡量都標明出處。除了自己寫的，以及不知道從哪裡看到的，還有無法辨別原創者的。本書所提及的企業名稱、商標名稱、廣告標語、行銷文案等皆屬原公司所有，在此僅為引用以及舉例説明。特別獻上我的感謝，你們創造的文字不但豐富了商業行銷的世界，也為本書增添了豐富度。

身為讀者的你，在閱讀這本書的過程中，可以循線找到相關的內容，包含品牌、商品、課程、服務、書籍等，作為輔助學習的參考資料，或者也可以當作拓展視野與提升能力的那把鑰匙。

也許你過去已經認識我了，也許這是我們的初次相遇，期待透過一本書的時間，提升你的文字力。

如果你已經準備好了，現在，就開始吧！

Part 1

什麼是對顧客的購買決定最具影響力的因素？

你想到國外旅遊嗎？説到國外旅遊，有一個國家我特別想去，就是位在阿拉伯半島的杜拜。

提到杜拜你想到什麼？可能是號稱七星級的帆船酒店（即阿拉伯塔），還有世界第一高樓杜拜塔（即哈里發塔）。

帆船酒店矗立於離沙灘岸邊 280 公尺遠的波斯灣內人工島上，遠看彷彿就像停靠在海邊的一艘大帆船，建築內部還有一個世界上最高的中庭花園。帆船酒店的住宿費用驚人，一般套房的費用最低從一晚 1,000 美元起，約臺幣 3 萬元，住一晚感覺連靈魂都變貴了。

而杜拜塔呢？當初臺北 101 蓋了 508 公尺，成為世界第一高樓，828 公尺的杜拜塔蓋完之後，比臺北 101 一次高出 320 公尺，以前世界各國在高樓的競逐都很低調，杜拜這次卻贏得很浮誇。杜拜塔 76 樓有一個全世界最高的游泳池，讓你可以享受在雲端游泳的感覺。每年跨年時杜拜塔都會施放煙火，耀眼的光雕搭配全世界最高的煙火，絢爛到讓你忘記還活在地球。

我希望有一天，帶著所愛去帆船酒店住一個禮拜，然後到杜拜塔看跨年煙火，享受一趟奢華的旅行。奢華、浮誇，就是杜拜給人的印象，也是他的賣點。我想去杜拜，就是衝著他的賣點。

所謂賣點，就是顧客為什麼要買你的商品，而不買別人商品的主要原因，它能展現商品的優勢與特點，以此滿足顧客的需求。換句話說，賣點就是對顧客的購買決定最具影響力的因素。你有沒有好好想過你的商品賣點是什麼呢？

這一篇會先從更高的行銷視角，先檢視定位開始，再來一步步找到你的賣點。

Chapter 1

定位：如何讓你的品牌成為顧客心中的首選？

國外有一家租車公司艾維斯，由於搶不到租車市場龍頭寶座，又連年虧損，於是他們在廣告中向顧客宣稱：「艾維斯在租車界充其量不過是老二的地位，為什麼要向我們租車？因為我們比別人更努力。」

本來艾維斯已經連續十三年都賠錢，沒想到在承認自己只是市場的老二時，艾維斯竟然開始賺錢了，如此成功的行銷，堪稱行銷史上的典範。艾維斯到底做對了什麼？答案是它在租車市場中找到了正確的「定位」。

根據艾爾．賴茲與傑克．屈特所提出的觀點：「定位並不是要對產品的本質有所改變，定位是指你對所要影響的人的心理是否造成改變。換句話說，讓你所要推銷的產品，在消費者的心理占有一席之地。」

所以定位就是顧客選擇你的理由，也是讓顧客記住你的形象。你的品牌、事業、商品、課程、服務、個人，從上到下都需要定位，也必須彼此連結。賣點的選擇和定位有關，而文字的內容與風格，也都跟定位有所連結。

舉我自己在專業上的定位為例。使用文字的形式有很多種，包含了文案、文章、E-mail、訊息……，多數人會聚焦在特定的形式，例如寫文案或寫文章，但我並非聚焦在文字的形式，而是關注透過文字能產生的結果，運用文字的多元性發揮影響力，讓人改變想法或採取行動，我稱之為「**文字力**」。

換句話說，文字具有特定目的，而且能帶來改變，當我們聚焦在結果而非形式，就能讓文字的運用更加靈活，而不會執著於今天是寫一則社群貼文，還是一篇部落格文章。所以我的專業定位是「文字力」，這是我的觀點，也是我的用字哲學。

但要怎麼做好定位呢？接下來，你將學會三種定位方式，分別是「**差異化**」、「**感受化**」與「**情感化**」。

一、差異化

每個臺灣人都吃過鳳梨酥，現在市面上的口味不斷推陳出新，內餡除了鳳梨以外，還有各式各樣的果肉，有包哈密瓜的、有包南棗的、有包蔓越莓的，這些口味也許你曾經吃過，但你吃過「海梨柑」口味的嗎？新竹有一家「姨婆吉圃園」，他們用親自栽種的海梨柑做成「海梨酥」，光是看到選用海梨柑當糕點內餡，是不是就讓人好奇的想嚐嚐看？別人賣鳳梨酥，他們賣海梨酥，這就是一種「差異化」的商品定位。

當我在寫這本書的書稿時，正一口接一口吃著他們的海梨酥，我的嘴被奶油香氣、柑橘風味填滿，吃完還唇齒留香，有種厚實美味的幸福。配上一杯熱茶，更是滿足。

所謂「**差異化**」就是運用本身的優勢與滿足顧客的需求，在商品的規畫與行銷作出市場區隔，因此在目標市場更具吸引力。換句話說，「差異化」就是你和別人哪裡不一樣、大家都沒有只有你有，或者大家相信你是業界的領導品牌。唯有顧客了解差異帶來的好處，顧客才會選擇你。

商品的差異化

「海倫仙度絲，去頭皮屑，止頭皮癢」

去屑是海倫仙度絲洗髮精的主要訴求，經過廣告強力放送，當我們想要去除頭皮屑，很容易就聯想到海倫仙度絲。

「美國 M&M's 巧克力，只融你口，不融你手」

吃巧克力最怕的就是融化，沾在手上黏黏的，M&M's 巧克力因為有一層脆硬的糖衣包覆在巧克力外，所以除非是遇到高溫，否則拿在手中不會融化，和大多數巧克力提供的體驗不同。

「美國 Tide 汰漬洗衣粉，頑固污漬就交給汰漬」

感覺就算衣服弄得很髒很髒，也一樣能洗得乾淨。

課程的差異化

「專注於提升文字力的主題讀書會」

我有一個【字遊主義】讀書會，是一系列專注在提升文字力的主題讀書會，每月舉辦一場，一次三個小時。我只領讀能夠提升文字力的書籍，例如：文案、寫作、故事、影響等，和其他廣泛閱讀形式的讀書會不同，也和其他領域的主題讀書會作出區隔，所以這就是我的差異化定位。

「完封拖延症，啟動你的積極力」

實用心理學推廣家——尋意老師，認為每人身上都有戰勝拖延的能力，所以只要建立「自我驅動循環」及學習「生活積極技法」，就能帶你拿回人生主導權！他有一門「啟動積極力」課程，讓你「完封拖延症，啟動你的積極力」。用「積極力」三個字，把實用心理學的技巧做了嶄新的詮釋，對於他的受眾而言，也是一個差異化定位。

#服務的差異化

「婚紗包套、一價到底」

通常一般人到婚紗攝影公司拍婚紗照，由於價格不透明，所以在過程中可能面臨不斷加價。原本說好八萬元，拿到手中時已經加到十幾萬元了。但「唯你婚紗」告訴你「婚紗包套、一價到底」，用一開始就說好的價格一路拍到底，讓你拍婚紗照不怕當盤子。

#個人的差異化

「基金教母：蕭碧燕」

蕭碧燕老師是一位知名財經專欄作家，因為長期專注在基金投資，而且是臺灣定期定額觀念的早期推廣者，所以被稱為「基金教母」，她也沿用這個稱號到現在。

「文字力教練：Elton」

我是一名「文字力教練」，「文字力」是我的專業定位，透過文字的多元性發揮影響力，「教練」是我的角色定位，幫助你提升文字使用的能力，兩者加在一起變成「文字力教練」，就是我的個人定位。

＊再看看其他範例

- 您最好的**牙材顧問**——阿雄哥（林茂雄醫師）
- 真實知識與商業思維的傳教師，將真實職場中會遇到的問題與需要的營運思維，傳遞給大眾，**讓每個**

人都擁有傳遞價值的能力。（孫治華）

- **我們自家漁船，平價萬里蟹直送**，肥美的花蟹，薄殼的三點蟹，還有其他活跳新鮮海鮮漁獲，無論你要清蒸烤炸，樣樣都美味。（新小微漁坊餐廳）
- 醉珍品的手藝，是**傳承超過六十載的老練手路菜**，不只手工繁複，更在意食材的品質，只需簡單復熱十分鐘，一桌美味功夫菜，立即上桌。（醉珍品江浙經典功夫菜）
- 我們專注在「**注意力**」，在這人多擁擠的時代，你能抓住聽者注意力，你就擁有競爭力。我們如此相信，所以，我們不斷精進，教你如何抓住「聽者的注意力」。（培果工作室）
- fansWoo 專門設計頂級的形象網站、購物網站，為客戶開發人性化的系統程式，以及專業的手機 App 程式設計。**堅持以 A 級的價格，給予客戶 S 級的成品**，已受到臺灣、歐美各大知名品牌的好評！（瘋沃科技 fansWoo）
- 「小魚人文設計有限公司」是**以臺灣元素為設計的**

主軸，並**以臺灣原創的素材來製作**，「孟宗竹・竹滿溢杯」即為其中一項文化創意作品，它保留南投竹山的竹子原貌，在杯子上雕刻滿字，象徵一個滿出來的概念。（小魚人文設計有限公司）

- 【文字影響力】這門課，跳過文案技巧與寫作框架，透過掌握人類本能反應、心理狀態，**運用文字的多元性，直接讓文字在讀者內在產生變化**，進而改變想法、採取行動，做到短期促成或長期影響。讓你的文字產出，**從表達、溝通到銷售，都能順利完成每一次的目標**。（文字影響力）

儘管差異化就是和別人不一樣，但有趣的是，如果某件事情在業界是慣例，但卻沒有人告訴顧客這是常態，就能「創造原本不存在的差異化」。例如：在國外有一家Wonder Bread，它的賣點是號稱「吐司擁有八大營養」，乍聽感覺他們的吐司特別棒，實際上不管哪一家吐司都有這些營養成分，但當初只有 Wonder Bread 強調，於是就變成他們獨有的賣點。重點在只要你的顧客相信，這個差異化定位就成功了！

所以，定位要趁早做好，才能搶下顧客心中第一名的位置。就像每個人都知道第一位登上月球的太空人是阿姆斯壯，但卻很少人知道第二位登上月球的太空人是誰？好的定位，就是讓你成為顧客心中的第一名，也就是找到你的差異化定位。

一些規模較小的企業，或者是一人公司，就算沒辦法做到真的差異化，只要你能成為一小群顧客心中的首選，你等於還是成功的差異化了。不一味追求成長，只專心服務一小群人，對獲利是有幫助的，這也是「一人公司」所強調的概念。

二、感受化

原本很少在電商平臺購物的我，某次下載了 momo 購物網的 APP，打開後看到一句文案「**momo，生活大小事，都是 momo 的事**」。原本以為只是一句好看的 Slogan，但自從那次手滑之後，我變得每個月都會在 momo 上購物好幾次，舉凡吃的、喝的、用的、玩的，什麼都買，連衛生紙都能宅配到府（到底是多懶？），真的滿足了我生活上的大小事。

然而，我會持續使用它，除了覺得很方便之外，也因為逐漸有了情感連結。momo 不會像某些電商平臺，只是不斷促銷、促銷再促銷，缺乏人味。momo 在 APP 上還有一些很可愛的設計，像是當你的購物車沒有加入任何商品時，畫面上會出現一個哭喪著臉的 momo 公仔，顯示「購物車空空的，快去逛逛吧！」連這樣的購買提示，都讓人會心一笑，更感受到 momo 對顧客的在乎。

第二個定位的方法——「**感受化**」，就是顧客對產品的「觀感」，雖然和產品功能或特點有所連結，但差異化並不顯著，因此從顧客「內心」的感受加溫。就像電商平臺有很多，但 momo 就更在乎與顧客的情感連結。

品牌的感受化

「全聯，買進美好生活」

增添購物背後的情感因素，原來購物不只是購物，而是讓生活更美好。

「白蘭氏，健康事交給白蘭氏」

感覺想要讓自己健康、讓家人健康，就選擇白蘭氏的商品。

「鮮乳坊，愛是唯一添加」

小農鮮乳直送的鮮乳坊，愛是唯一添加，代表沒有任何添加物，因此更覺得他們的鮮乳品質很好，而且是很用心的品牌。

#課程的感受化

「去掉與知識學習的冰層、融掉人們之間的隔閡」

「微糖趣冰」是一個 2020 年才推出的學習品牌，以下是他們的簡介：「透過有效有趣有創意的學習模式，為學習加些糖分，**使參與者去掉與知識學習的冰層、融掉人們之間的隔閡**，為企業的價值加料，為你我的學習加速。」

去掉知識學習的冰層，特別用冰層形容，連結傳統學習上的枯燥乏味，感覺在「微糖趣冰」學習是充滿熱度的。融掉人們之間的隔閡，在這裡不只是學習而已，還能感受到人際交流之間的溫暖。結論就是，感覺在這裡學習很有趣呀！而他們舉辦的「嗑書會」活動，口碑很好，授課講師也都是一時之選。

#服務的感受化

「包場專家，聚餐首選，JK STUDIO，您的包場神隊友」

「JK STUDIO 新義法料理」，是一家臺北戰斧牛排的指標餐廳，位在臺北市信義區。他們的餐廳行銷定位是「包場專家，聚餐首選，JK STUDIO，您的包場神隊友」。包場不是只是接電話、安排時間場地就沒事了。通常我們想要包場，是為了舉辦活動、聚餐或者慶生，一次會來很多人，所以要處理的細節、要應付的突發狀況很多。

JK 把品牌擬人化，說是「包場神隊友」，感覺能全力支援你的重要活動，讓你可以變得比較輕鬆，也比較放心。有別於其他也能包場，但只是接電話，把場地留下來的餐廳，透過連結情感，是個聰明的感受化定位。

#個人專業的感受化

「您的出書夢想，我來幫您實現」

出書只是把腦袋中的知識、技術與觀念，寫下來、印出來而已嗎？如果只是這樣，就太小看出書這件事情了。布克文化的賈俊國總編輯說：「您的出書夢想，我來幫您實現。」把出版書籍連結個人夢想，讓出書這件事情變得更崇高、更富有情感。

賈總編不是隨口說說，為了幫助每位作者達成出書的夢想，他會定期分享文章，也會為作者舉辦課程，讓作者在走向夢想的路上，不用跪著就能走完。

「我是明明可以靠臉卻偏偏不要臉的 Mr.Yang」

有一位楊家成（Mr.Yang）經常以英文為主題，拍一些很搞笑的影片，例如以「為什麼英文歌不能直接唱中文？」為主題的系列影片，通常影片會先放一段英文歌曲，他聽了覺得不錯，就說「好聽、安排」，接著燈光一暗，他背後出現一堆搖晃的手拿著手機打光，而 Mr.Yang 則認真的把英文歌唱成中文歌，唱到越來越尷尬，影片就結束了。

每次看我都覺得很好笑，其實他長得很帥，卻喜歡拍搞笑影片，所以他說「我是明明可以靠臉卻偏偏不要臉的Mr.Yang」，我完全認同。

對了，他不是諧星，他是教英文的。

＊再看看其他範例

- 為你而讀，**有溫度、有內涵**的閱讀推廣品牌。（為你而讀）
- 窩廚房希望與您一起**創造餐桌上的幸福，編織開心品味時光！**（桂冠窩廚房）
- 讓**遊戲**成為孩子的**老師，快樂**就是**學習**的代名詞。（王漢克老師）
- 「出租大叔」老查跟你分享**老派收藏、老派作風、老派想法**。（我是老查）
- 忘形的簡報非黑即白，只希望一切簡單。而**黑與白中間的灰度，就是生命的深度**。（忘形流）
- 以創意探索心的泛古大陸，大地元素與花精叢林遊樂園！**好感生活、大道至簡，讓身體、心靈的養生，**

回歸與自然共振的和諧！花精諮詢、能量療育、純淨花卉純露、手感能量風水調香、寶石原。（泛蓋亞 Pangaea）

三、情感化

記得以前念小學放學時，和同學一起走路回家，經過雜貨店，最喜歡買麥香奶茶來喝。那時阿嬤一天給我十塊錢，如果當天沒花掉的話，隔天我就有二十塊錢。當我有二十塊錢時，我會買兩罐麥香奶茶，一罐自己喝，一罐請同學喝，我們就這樣邊走邊喝邊聊，直到回到各自的家中。

我不確定大家是否有類似的記憶，但麥香奶茶對我而言，確實是充滿回憶且熟悉的味道。因此當我看到「麥香奶茶／紅茶，熟悉的麥香最對味」這句廣告 Slogan 時，還滿有共鳴的。

第三種定位方式——「**情感化**」，就是你的定位和產品賣點沒有直接關聯，完全訴諸情感，透過品牌與顧客的情感連結，加深信賴感，麥香奶茶就是最好的範例。

商品的情感化

「麥斯威爾，好東西要和好朋友分享」

一杯即溶咖啡變成了情感交流的好物，重要的是和朋友分享。

「De Beers，鑽石恆久遠，一顆永流傳」

不管一顆鑽石有多貴，買了就代表永恆的愛。

「全球人壽，三不五時，愛要及時」

不談保險，只要你記得對家人的愛。

通常情感化較常出現在大企業品牌，除此之外，消費性產品也比較容易透過情感化定位。因為不同品牌的消費性產品之間，本來就很難找到差異，大家對每個產品的感受也差不多。

例如：同樣都是紅茶，味道並不會有顯著的差異，因此只能用情感化的方式去和顧客搏感情了。

✽再看看其他範例

- **童**在一起，**愛**不止息（中華唐氏症基金會）
- 來自 Podcast 界的兩位**大嬸**＋工程界的兩位……**不大嫩的鮮肉**（對！我們是大嬸）
- 人生是一段段互為開展的故事。每段劇本的發生都在我們參與的經驗中能有諸多醒察。而**那些點亮人們發亮的光，一直都存在……您與我的心中**。期許用心記錄……生活點滴的心境學習、生涯探索的精神方法、趣味人生的觀察嘗試，帶給您與我在生活中持續不斷的驚奇與溫暖！一起在開展的圖像中，**找到屬於心中的那道光吧～**（圖像掌心燈）

Chapter 2

賣點：找到利於銷售的賣點。小心！賣到你會怕！

十多年前我和家人到上海玩，當地友人招待我們去吃「小肥羊」，聽說是一家很好吃的羊肉火鍋店。雖然他們大力推薦，但我心裡還是不免擔心，既然是羊肉，會不會有很濃的羊騷味？當我夾了一塊燙熟的羊肉放入嘴裡，我面無表情，故作鎮定，但卻在心裡呼喊：「哇！這羊肉又鮮又嫩，完全沒有一點羊騷味。」搭配特製湯頭，當下覺得真是這輩子吃過最好吃的羊肉火鍋了！

後來一問之下才知道，原來小肥羊選用的羊肉，是來自內蒙古錫林郭勒大草原放養的羊，成長於不受汙染的環境，而且只挑選六個月大的羔羊，難怪肉質鮮嫩。而小肥羊正是以此作為強大的「賣點」，吸引了大量饕客。

賣點能展現商品的優勢與特點，以此滿足顧客的需求，是對顧客的購買決定，最具影響力的因素，也是顧客買你的產品而不買別人產品的原因。定位只有一個，但賣點卻有很多個，賣點從定位延伸而來，所以賣點不能和定位相牴觸。例如：定位明明是尊榮感，但賣點卻強調價格實惠，即便這個賣點可能是真的，也不應該強調。

找到賣點有三個步驟，第一個步驟是**列舉賣點**，第二個步驟是**賣點排序**，第三個步驟是**比較差異**。

第一步，列舉賣點

不論你要賣的是商品、課程還是服務，賣點往往不只有一個。所以初期要盡量列舉，透過分析之後，你才能找到行銷上主要溝通的賣點。你可以從兩個層面尋找賣點，第一個層面，在商品上找，如果是產品，包含了功能、特色、外型、規格等，如果是人就是專業或專長，屬於理性思考。

第一個層面：從商品上面找

＊商品的賣點列舉

臺灣電商橙姑娘有一款熱銷商品——「會說話的梅

精」，商品賣點是這麼寫的：

幫助入睡，促進新陳代謝。
精神旺盛，調節生理機能。
養顏美容，維持消化道機能。
排便順暢，產前產後健康補給。

一次列舉了四種對健康的好處，幫助入睡、精神旺盛、養顏美容、排便順暢，總有一個賣點會打到你吧？

＊個人專業的賣點列舉

Adam 陳柏宇老師，擅長：引導培訓／教練諮詢／顧問輔導等等。這些都是陳柏宇老師專業培訓的賣點，而他主推的公開班課程是「英國劍橋 FTT 引導式培訓師」，由於授課扎實，並提供長達好幾個月的陪伴，是一門讓講師升級、與世界接軌的培訓課程。

＊再看看其他範例

執炬人謝宇程創辦的「真識」網站，提供「知識內容服務」，包括：

- 線上課程文稿撰寫
- 年鑑與年報撰寫
- 個人與家庭傳記
- 商務中英文命名

＃第二個層面：從受眾身上找

從目標受眾身上可以找到**痛點**與**爽點**，痛點就是顧客面臨的課題，與帶來的痛苦和恐懼；爽點就是購買商品後，可以帶來的開心與轉變。賣點要能解決痛點，同時，解決之後能帶來爽點，屬於感性思考。

＊商品的賣點列舉

橙姑娘有一個商品名稱很搞笑的男性保健食品，叫做「30 公分好棒棒」，雖然商品名稱很搞笑，但文案可寫得非常認真，他們是這麼寫的：

給你衝刺事業的超強能量。

從辦公室到運動場，展現超人耐力。

上班族每天活力滿分。

精神好，事業跟著好。

夜晚加班，精力旺盛。

運動表現，顯著提升。

男性的痛點是害怕日夜體力不繼，商品帶來的爽點是展現超人耐力，所有的文字描述，都讓商品賣點與男性的憂慮與渴望作出緊密連結。

✽個人專業的賣點列舉

一提到泌尿系統的問題，不論問題大還是小，也不論是男性還是女性，總是讓人尷尬到不行。大家平常既不會討論，對於泌尿醫學的常識也一知半解。高雄有位詹皓凱醫師（號稱怪醫鳥博士），看見了大家說不出口的痛，於是成立了粉絲專頁——「Dr.Bird」，用輕鬆有趣的漫畫分享泌尿醫學的常識，讓人會心一笑，又能學到知識，免除尷尬、害羞的情緒。而鳥博士終於也在 2020 年時，出了一本新書《怪醫鳥博士的泌尿醫學院》，透過漫畫教學，守護你與全家人下半身的健康。

＊再看看其他範例

文字影響力的「課程優勢」：

1. 了解文字的多元應用、強化文字表達、提升寫作速度。
2. 溝通能力升級、掌握銷售暗示、看懂行銷布局。
3. 學會文字力核心，擴充能力更容易。
4. 增加文字變現專業，開啟斜槓創業／一人公司之路。
5. 看懂惡意操弄，不被洗腦影響，讓自己做出真正的選擇。

第二步，列舉排序

當你列舉完賣點之後，第二步驟就是要依照賣點的重要性與顧客的期待感一一排序。排序可以幫你釐清主要訴求為哪一個賣點，然後把所有溝通的重點都放在上面。如果賣點彼此相關連，排序的作用幫助你決定在文字的鋪陳中，要先強調哪一個賣點，還有哪一些是順帶一提的賣點。

以下舉一個橙姑娘「肽孅然」的銷售頁中，提到四點現代人必修的美麗課題：

享受甜點，下午茶不再有罪惡感。
飯前增加飽足感，聚餐不怕吃太多。
愛吃美食，也能輕鬆保持美麗。
搭配運動、健身，效果更明顯。

這個商品很明顯主要是賣給女性顧客，所以他們聰明的在賣點排序上，把「享受甜點」擺在最上面，把「搭配運動」擺在最下面，仔細想想，這樣的排列組合是不是很微妙呢？

＊再看看其他範例

「艾咪的知識圖卡教學」每位夥伴的報名費包含：

- 課堂講義：Amy 精心整理 3 大技巧。
- 自己的圖卡作品：強調實作，下課時讓你帶著作品離開。
- 一對一建議：Amy 針對你的課堂作品給予建議。

- 終身學習群組：建立學習 Line 群組，下課後仍可以交流討論與回饋。

第三步，比較差異

當我們列舉了賣點，也排序了賣點，就覺得應該沒問題了。卻忘了比較和競爭對手之間的「差異」在哪？比如說你的賣點是這條街最低價，結果隔壁卻賣得比你還要便宜，請問這樣的賣點還有意義嗎？

*商品的比較差異

「LoveFu 樂眠枕 - 從 6.5 到 15 公分高度全都有，還有你的肩頸 Size ！」就是很棒的賣點，因為樂眠枕不只是賣記憶枕而已，也不是僅僅強調符合人體工學，躺下去很舒服而已，包含尺寸，他們都做了清楚定義，感覺非常專業，也和競品有明顯差異。

*個人專業的比較差異

沒有公版的固定眉型，Vivi 根據客人的喜好，加上 Vi

專業造型師的意見，每位都是量身訂作的漂亮眉型，並且完成漸層不死板，每位客人都應該有適合自己的眉毛。（Vivi Chen Stylist ／新娘祕書／整體造型）

第三步「比較差異」，是很多人會忘記做的一個步驟。在找賣點時，第三步也可以變成第一步，先比較競爭對手的賣點，再去「列舉」與「排序」。

＊再看看其他範例

對於平常沒接觸牌卡的人，一定不是很了解「OH 卡」是什麼？既然是一種牌卡，相信很多人第一時間會聯想到「塔羅牌」，但「OH 卡」**並不是占卜卡，儘管每張牌上都有一張美麗的圖畫，但沒辦法透過幾張牌卡，預測你未來的樣貌**。（你所不知的都在心裡｜ Elton 的字遊人生）

這一章告訴你如何選定利於銷售的賣點？試著為你的品牌、事業、商品、課程或服務，找到最適合的賣點吧！

Part 2

知道你要寫給誰看，比你寫什麼內容更重要！

有一天早上九點多我還在睡，iPhone 的通知聲讓我睜開雙眼，原來是前一天的一位學員傳訊息給我，分享他昨晚的上課心得。

他說昨晚上完課後覺得收穫很大，回家馬上和太太分享心得之外，他還發現，原來過去和太太說話，都只是說自己想說的話。於是他嘗試站在另一半的角度思考，修正自己的語氣跟話語的內容，針對過去容易爭吵的話題加以討論，運用課堂所學的概念和另一半溝通，沒想到短短 30 分鐘，竟然解決了過去容易造成爭吵的話題！

我不確定你看到這段故事有什麼感覺，但我覺得既驚訝又感動。驚訝的點是，他竟然可以把課程中分享的一些「行銷概念」，轉換成生活中口語表達的應用，代表課程傳達的內容，超越了技術的層面。感動的點是，雖然我教的不是親密關係，而是文字力的應用，但透過我在課堂上的分享，竟然解決了夫妻溝通的隔閡，間接幫助了一個家庭的幸福！

你一定很好奇他到底是怎麼做到的？我想從他的故事中可以看出一些端倪，他說以前都是「說自己想說的話」，這次「他嘗試站在另一半的角度思考，修正自己的語氣跟話語的內容」。換句話說，他開始有了「**受眾**」思維，先了解對方的想法與感受，並以對方的語言傳達自己的想法，於是「短短 30 分鐘，解決了過去容易爭吵的話題」。

溝通是如此，銷售更是如此。當你想寫出能賣的文字時，要先定義清楚你的主要溝通對象是誰？也就是你的受眾。如果沒先搞清楚，就算行銷提案再棒、文案技巧再好、文字邏輯再順，只要受眾看了沒感覺，就什麼都賣不掉。

Chapter 3

對象：你的商品誰會購買？誰在使用？誰給意見？

如何界定「受眾」？簡單而言，就是你的內容寫給誰看？以及商品要賣給誰？有些人認為「賣給誰」的「誰」是顧客，而非受眾。但這本書中，我把這兩者概念結合簡化，不論「賣給誰」或「寫給誰看」都是「受眾」。

界定受眾要做的第一件事情就是，區分出三個「對象」，也就是「**使用者**」、「**購買者**」和「**影響者**」分別是誰？這三者可能是同一人，也可能不是同一人。不論是哪一種狀況，請注意商品的「購買者」是誰？因為他才是你主要溝通的受眾。在細節上，會區分成三種情況：

第一種狀況：三個對象都一樣

如果三者都是同一個人的話，溝通上相對單純，例如：

報名一堂低價且有興趣的課程，通常報名者就是使用者，也是購買者。因為課程價格便宜，又是自己喜歡的內容，所以自己就能決定，也不太會問別人的意見，所以影響者可能從頭到尾不會出現，或者影響力微乎其微。這個時候記得描繪受眾的痛苦（痛點），與帶來的快樂（爽點）即可。

＊再看看其他範例

分享，是夢想啟程的第一步，更是資源匯集的開始！交點在每個月的定期聚會活動，提供一個讓分享發生的空間。**分享內容從「夢想」、「熱情」、「工作點滴」**，到任何夥伴想要分享的內容。大家來的目的都不同，但都是給彼此一個「交點」的機會，讓生活在同一地方但卻完全不同背景的人們相遇、分享、並彼此留下一些人生的驚奇。（交點）

第二種狀況：
使用者與購買者同一人，影響者扮演關鍵角色

相較於第一種情況，更較常見的情況是，使用者與購買者同一人，但影響者也會影響受眾的決策。例如：同樣是

報名一堂課，但這堂課報名費比較高，他也從來沒上過這位老師的課，身旁親友（含社群平臺上的朋友）可能就扮演關鍵角色，勸退或鼓勵，都會影響決策。

這個時候除了描繪受眾的痛苦，與課程（商品）帶來的快樂之外，也要把影響者的視角拉進來，解答受眾影響者可能有的質疑、購買應該要自己決定，或者提出購買該商品，影響者可能因此受惠。

＊再看看其他範例

「商務人士必備的微軟模組簡報術」**這堂課不會教你複雜的簡報製作技巧，也不會教你華麗的簡報動畫效果，只給你能獲利的簡報提案思維與設計架構，讓簡報與獲利畫上等號**。學會這堂課，讓你每次提案簡報，都有幸運女神待在身旁。（Elton 的字遊人生）

第三種狀況：三者都不是同一人

如果這三者不是同一人，再提醒一次，請注意商品的「購買者」是誰？因為這才是主要溝通的受眾。千萬不要把「使用者」當成「購買者」，但是也不要忽略「影響者」的意見。

例如：同樣以課程為例，如果是兒童學習課程，使用者是小孩，購買者是父母，影響者可能是「親戚與朋友」。就像我小時候學陶藝，是我去上課，媽媽付錢，後來只學了一期就沒繼續了，因為阿公覺得太浪費錢。儘管我覺得學陶藝很好玩，但我沒辦法、媽媽也沒辦法呀！

換個商品舉例，兒童尿布的使用者是誰？當然是「寶寶」，購買者是誰？通常是「父母」，影響者是誰？可能是「長輩、親戚或朋友」，特別是新手父母，親友的意見一定會參考。

這個時候，你要溝通的對象就是購買者，而非使用者，你要用購買者的視角。你不可能會對寶寶講話，叫他要買你們家的尿布，一定是對父母溫情喊話。這點雖然感覺像常識一樣，但如果換成你自己的商品、課程或服務，很多人可能就忘記了。

＊再看看其他範例

- 送愛**偏鄉**，好好吃飯（門諾社福基金會）
- 看**病人**，送初元（初元．專為病人設計的保健品牌）

記得描繪使用者的痛苦，與商品帶來的快樂，但別忘了影響者在旁邊虎視眈眈。也要告訴受眾，影響者可能有的質疑、購買應該要自己決定，或者提出購買該商品，影響者可能因此受惠。

Chapter 4

標籤：像朋友一樣認識他，從分析受眾的特徵與行為開始！

當你搞清楚主要溝通的「對象」是誰之後，接著就可以認真的分析受眾了！受眾的初步分析，將從兩個部分的「標籤」著手，第一個標籤是「**特徵**」，第二個標籤是「**行為**」。

「特徵」很基礎，也很重要，因為它決定了受眾的粗略「輪廓」，而「行為」則是根據「特徵」進一步分析，讓我們更能看清楚受眾的「樣貌」，而且能想像受眾是如何「生活」？

「特徵」和「行為」中各細分成四點，代表不同的受眾資訊。首先，特徵分成「**性別、年齡、工作、地點**」四點，分述如下：

1. **性別**：男性或女性（生理男或生理女），例如：女人迷、男人幫。

2. **年齡**：建議你要劃分三個年齡維度。
    - 第一個維度是「**最大區間**」，例如：25 ～ 45 歲都可能購買，這是為了瞭解你最廣能觸及的潛在顧客有哪些，但並不精準，僅作為參考；
    - 第二個維度是「**主要區間**」，例如：25 ～ 30 歲，建議區間設定在 5 歲以內，最多拉到 10 歲。因為跨越的年齡層越廣，受眾的樣貌差異越大，想想看 20 歲到 30 歲中間，包含了多少不同受眾？
    - 第三個維度是「**指定年齡**」，也就是你的理想顧客，最可能是幾歲的人。例如：「28 歲」粉領上班族，這個將是你最主要溝通的受眾，也是你在寫文案、寫文章時所想像坐在另一頭，看著你文字的對象。
3. **工作**：受眾的工作內容與型態，會影響到他的需求與痛點，因此越是了解他的工作，越能抓到受眾的心。這個時代，一人公司、斜槓、微創業的興起，讓工作型態越來越複雜，因此也有更多的需求與痛點有待被挖掘。透過你的商品、課程或服務，來滿足受眾，例如：在團隊中溝通出問題，無法解決，就可以找「好溝通」的劉季彥教練來協助你們。

4. **地點**：主要是指「居住地」，受眾在哪裡工作與生活。每個地方都會有不同的風貌，例如：都會區與郊區的居住環境、生活樣貌就截然不同。再來也可以思考「出生地」，也就是「家鄉」。即便都是在臺灣，只是從臺南來到臺北工作，臺南人也永遠不會覺得自己是臺北人，對於家鄉的認同與懷念，是觸動感受的引信。

有了對「特徵」的基礎後，再來進一步分析「行為」，行為分成「**興趣、話題、社群、品牌**」，分述如下：

1. **興趣**：受眾平常的興趣是什麼？你知道他下課後、下班後、休假時喜歡做什麼嗎？他在一個人獨處時，和一群朋友相處時，喜歡做什麼嗎？當你知道他的興趣，就能投其所好的溝通。比方說，你知道他喜歡看漫畫，在文字中就可以多用漫畫中的角色與臺詞，受眾就會馬上被吸引，甚至對你的品牌產生更多的好感。例如：歐陽立中老師就曾經在一篇教學文中，用動漫《鬼滅之刃》裡的招式做比喻，在臉書社群上獲得很大的迴響。

2. **話題**：受眾平常和家人、朋友、同事談論什麼話題？也就是他聊天的內容，以及關注的消息會是哪些？例如：講師喜歡談論最近又學了什麼？因為講師透過授課不斷輸出，同時也需要不斷輸入，持續精進是提升教學品質、維持競爭力的辦法，所以講師都很喜歡談論跟學習有關的話題。從這個範例當中，你會發現受眾談論的話題，跟工作息息相關。這也就是為什麼在「特徵」分析中，必須要了解受眾的「工作」型態是什麼？因為這是進一步分析受眾「行為」的基礎。
3. **社群**：這裡的社群，不只是指像臉書、IG 這一類的「社群平臺」而已，而是受眾期望歸屬在哪個群體中，願意支持什麼樣的社群？而當你了解受眾的期望歸屬，你也更能洞察受眾可能喜歡社群平臺中的那些粉絲專頁、社團，或意見領袖。例如：游舒帆的「商業思維學院」。

4. **品牌**：受眾最喜歡哪些品牌？他會購買哪些品牌？（有沒有你的品牌？）哪些品牌可能影響他的想法？或者他討厭哪個品牌？這些都可以仔細琢磨，讓你更了解受眾的行為與想法。以我自己為例，如果使用智慧型手機，我會使用 iPhone。雖然我不是果粉，但覺得很好用，而且信任蘋果對於品質的要求，因此雖然貴了一點也還是會買，關於蘋果的消息，我也會關注。顯然蘋果就是我喜歡而且會購買的品牌，也影響著我的想法。至於討厭的品牌，應該就是山寨手機，即使再便宜，拿在手上都覺得髒啊！這就是品牌對一個人的影響。

下一篇要分析的是受眾的「需求」，分成三個不同的層次，有助於你更了解受眾的內在決策因素。

＊再看看其他範例

- 我們協助**畢業十年內的上班族**生活再設計、生涯再探索，正在建立一個認真又可以很鬧的社群。（微亮計畫）
- 「非誠勿擾團隊」是由一群來自金融界和科技界的海外歸國人士所創立，致力於提供平日工作繁忙的白領上班族，一個有趣、安全、省時的多對多和一對一約會服務。（非誠勿擾快速約會）
- 我是臺灣視覺引導師 Dong，今周刊特約講師、順豐速運講師、華夏聯合訓評講師、雜學校、AAEE 體驗教育年會工作坊發表者、視覺圖像講師。歡迎對視覺紀錄、視覺引導有興趣的您，與我們聯繫。（炸飯糰創意工作室——視覺圖像思考）

Chapter 5

需求：像關心朋友一樣，了解顧客想要的、渴望的是什麼？

知道受眾是誰，接著就要了解他的需求是什麼？因為需求會影響購買決策行為，也會影響你將如何透過文字和他溝通。

需求會分成三個層次，分別是「**淺層理由**」、「**深層理由**」，還有因「價值觀」延伸而來「**影響理由**」，如下：

一、淺層理由

淺層理由就是比較接近人類的本能需求，為了方便理解，以下所有範例都以「食、衣、住、行」為例：

生理

為了「生存」而產生的需求，例如：我到便當店買便當是為了填飽肚子，我買這件衣服是因為需要保暖，我租房子是因為我需要有住的地方，我買機車是因為我要上班通勤。

安全

避免「自身安全」受到威脅而產生的需求，例如：我會到餐廳用餐是因為餐廳比較衛生，我會買這件衣服是因為可以減少紫外線的傷害，我會買車是因為開車比騎機車安全。

二、深層理由

這些需求因為牽涉到個人的內在想法，所以要更細膩的洞察，為了方便和淺層理由的需求對比，以下所有範例仍以「食、衣、住、行」為例：

社交

為了「歸屬感」而產生的需求，例如：我到這間餐廳用餐是因為這裡是聚會的首選，我買這件衣服是因為我的另一半也買了，我買這間房子是因為希望擁有一個溫暖的家，我買這臺車是因為想參加車聚。

#尊重

為了「能力」與「地位」被認同而產生的需求，例如：我到這間餐廳用餐是為了展現我的財力，我買這件衣服是因為品牌符合我的身分，我買這間房子是因為郭台銘也買了，我買這臺車是因為我的開車技術能駕馭它的性能。

#自我實現

為了「個人理想」而產生的需求。由於自我實現是因為展現了「能力」和「天賦」的極限而感到滿足，所以可能的購買原因有兩種，第一種是，因為完全達到了我的人生目標，所以我可以購買任何我要的事物，所以不論「食、衣、住、行」，理由都是因為「我想要」。

但畢竟第一種的情況不多，更多的可能是屬於第二種情況，也就是雖然還沒有完全達到我的人生目標，但我願意現在就購買，以接近未來我想要的，所以不論「食、衣、住、行」，理由都是「我夢想中」。

就算一個人的生命與工作狀態還沒有到達頂峰，但都會期盼有自我實現的一天。例如：有的人夢想財務自由，有的人夢想環遊世界，所以只要激發夢想，就可以讓人因內在的深層需求，而採取行動。

其實，你很可能發現了，「淺層理由」與「深層理由」，都來自於「馬斯洛人類需求層次理論」，不過我認為除了這些基本需求之外，內在還有影響更深遠的需求，也就是下一個「影響理由」。

三、影響理由

價值觀是一種處理事情時，判斷對錯、選擇取捨的標準。由於價值觀的建立來自於過往經驗的累積，包含了「理性」判斷與「感性」情緒。影響理由決定於一個人的價值觀，所以影響理由融合了「理性」與「感性」，以下三點都和價值觀有關連，如下：

#議題

受眾關注什麼議題，會和朋友討論，或者追蹤該議題的消息動態，例如：環保？公益？賺錢？值得注意的是，議題只是討論與追蹤，不一定就代表是受眾的價值觀，但是當一個議題被關注久了，就可能逐漸形成他的價值觀。

#相信

當價值觀被形塑，你要知道受眾相信什麼樣的「價值」？例如：相信「有愛就能克服一切？」還是相信「只有錢才是一切？」，或者相信「意念成就真實，只要自己願意相信自己，就能達到你想要的一切。」這些都是價值觀。

#否定

當價值觀被形塑，受眾會否定什麼樣的價值？例如：否定核能，因為認為核能會帶來災害；或者否定綠能，因為現在臺灣根本沒有足夠資源可以發展綠能。又如我一個人走進餐廳用餐，如果有賣牛肉，我會問：「請問你們的牛是哪裡的牛？」如果餐廳說是美國牛，有很高的機率我會改點其他肉類，或者選擇澳洲牛或紐西蘭牛。

因為在我的價值觀裡，美國牛的飼養方式，讓牛吃原本不吃的玉米，儘管牛肉變得特別鮮甜，但這樣卻讓美國牛被屠宰之前，都過得極其痛苦，非常不人道。即使飼養牛是為了成為人類的食物，但牠們卻沒有舒服的活過一天，所以我在我的價值觀裡，我否定美國牛肉，因此我也盡量少吃美國牛。我選擇的標準，跟牛肉好不好吃沒有關係，而是和我的價值觀有關係。

＊再看看其他範例

以「永續企業」自居的我們，從產品、服務的綠色實現，到關懷環境與社會利益，抱持「綠色、永續、創新」的核心價值，提供永續的全綠生活方案，讓我們與地球綻放由內而外的美麗；期望讓「Green Lifestyle」融入每一個人的日常生活，傳達的是屬於臺灣的綠色文化素養；訴說的是這塊土地與生命的連結，企圖從珍貴的自然與大地萬物中得到啟發，去創造更具意義的綠色價值。（O'right 歐萊德）

對於影響理由的議題、相信與否定，我來做個總結。受眾關注的議題，牽涉到你能否抓住受眾的眼球，而價值觀的相信與否定，則和你的品牌傳遞的精神與價值有關。

不問對錯，只討論你要的受眾是哪一群人？或者你想要排除哪一群人？當你的品牌定位確立之後，所有的訊息都必須一致，才能捕捉到你想要的受眾，趕走你不要的受眾。

這個小節分析完受眾的「需求」，淺層理由、深層理由與影響理由，接著你要分析受眾的「痛點」，當受眾因為痛點而產生明顯的需求，商品的賣點只要能解決受眾的痛點，只要順著痛點寫，你的文字就自帶鈔級元素了！

Chapter 6

痛點：讓顧客感到痛苦的是什麼？你能幫他解決嗎？

當你切分了對象、標籤與需求之後，你就能針對上述設定，去分析受眾的「痛點」。痛點最重要的就是**課題**、**場景**、**目標**這三點。簡單而言，「課題」就是發生什麼事？「場景」就是發生在哪裡？「目標」就是想要怎麼辦？

以下說明：

一、課題：發生什麼事？

課題引起什麼煩惱？產生什麼恐懼？如果不解決會有什麼代價？當痛苦困擾著受眾，可能會讓受眾的某些行為看起來並不明智，例如：明明失眠，卻寧願追劇，也不願意早點上床休息。提醒你，不要批評或嘲笑受眾的行為，只要真實呈現就好，代表你能理解受眾的處境、感受與難處。

以下以我的一門課程「文字溝通力」為例：

1. 課題：急待解決的問題

例如：在網路上使用文字遇到困擾。

2. 煩惱：因課題帶來情緒上的不開心

例如：在網路上使用文字，沒有得到明確效益，而且需要經常切換不同的文體，感到很辛苦。

3. 恐懼：因煩惱產生的情緒上的害怕與憂慮

例如：擔心自己寫文案、寫文章、傳訊息時沒有效果。

注意！你不用去創造新的恐懼，而是了解受眾現有的恐懼，通常恐懼早就存在內心深處，只是受眾不一定意識到，這時候你就必須提醒他。

4. 代價：如果課題不解決你必須額外付出什麼成本

例如：這些問題讓我們在工作與生活上都付出了代價，因為文字無法有效達成溝通目的，只能花費更多心思與更多時間溝通。

注意！引導發現受眾如果不解決問題，會帶來什麼樣的長期後果，讓受眾意識到代價的重要性。但如果你沒有把握，就不要強調代價，因為如果寫得不到位，受眾不會有感覺，如果尺度拿捏不好，更可能會激怒受眾。

（以上通稱課題，不稱問題，是因為問題聯想到「QUESTION」，課題是「PROBLEM」。）

二、場景：發生在哪裡？

這些課題發生在哪個地方？遇到了什麼狀況？

以「文字溝通力」為例：

在臉書發文，但都沒有什麼人按讚；在LINE傳訊息，但都沒有什麼人理你；在部落格寫文章，但都沒有什麼人想看；在網路上寫文案，但都沒有什麼人買單。

寫文案、寫文章、傳訊息沒有效益就是問題，發生的場景分別是臉書、LINE、部落格、網路廣告。

三、目標：想要怎麼辦？

顧客希望如何解決這些課題？

希望能夠解決這樣的痛苦迴圈，在網路上更輕鬆、更有效率的使用文字，不論寫文案、寫文章還是傳訊息，都能讓努力付出，有相應的成果！

注意！只有受眾相信自己有能力改變自己的處境，才產生目標，痛點才能激發行動。

所以我在銷售頁結尾寫的是「讓你的用心，被真心對待。」用感性喊話，讓受眾看見美好的未來，更堅定自己的信心。

最後，再看一個範例，來自 Adam 陳柏宇老師的「正念領導力 Mindful Leadership」，這是給企業高階主管上的課程，如下：

#場景

你是否每天忙著應付外面快速變化的環境，還要苦惱著內部團隊士氣無法凝聚，導致領導力無法發揮，壓力日漸沉重，找不到有效解決之道？你的團隊是否受到限制性思維模式籠罩，在角色、信念、價值觀產生盲點混淆，導致整個組織行為、團隊勢能、個體認知，無法有效增長提升？

 # 課題

VUCA 變革時代的領導者困境：一種是「溫水中青蛙」，表面平靜但缺乏動力；一種是「受傷的獵豹」，動力強勁卻焦慮緊張。

 # 目標

你需要的解方是，近年風行於全球企業，深受商界人士推崇且蓬勃發展的「正念領導力」。越來越多的商界人士體會到正念帶來的直接利益，除了緩解壓力源、提升創造性、增強專注力、激發好靈感。還能降低倦怠感，改善難入睡，對抗抑鬱症，擺脫不平衡。正念領導力，是超越困境之道！

這個小節和你分享了找到受眾「痛點」的 3 個步驟：**場景→課題→目標**，試試著用這三個步驟寫寫看吧！

Chapter 7

排除：如何把東西賣給適合的顧客，以提升滿意度？

如果你想把東西賣給適合的顧客，就要在你的銷售訊息中，事先「排除」兩件事情，第一件事情是排除受眾不買的「理由」，第二件事情是排除其他不買的「**受眾**」。

一、排除受眾不買的「理由」

站在受眾的角度思考與感受，他可能有哪些「理由」阻礙了他的行動？如果你真的想不出來，不妨把自己當成挑剔的奧客，盡可能提出各種疑慮，甚至刁難的想法，這樣你就知道如何在文字中，預先解決他的問題。當這些問題全部被解決，原本所有不買的「理由」，反而可以成為幫助銷售的好朋友，因為你寫的全部都是他想要的啊！

例如：在「鈔級文字力」的預購頁中，提到以下這段文字：

我不會叫你去「抄襲」別人賣得好的銷售文案，也不會教你寫出讀起來很美但不會轉單的文案。抄襲是捷徑，但你也出賣了自己的靈魂；文采能加分，但前提是能幫助銷售。

抄襲別人的文案，不道德；寫得很美的文案，卻沒有訂單。事先排除受眾心中想抄襲，或者只想寫漂亮文案的想法。

再來，除了受眾不買的理由之外，還有其他角色的理由，你也要預先設想。也就是你要回到「對象」，請從「使用者」與「影響者」的角度去思考，「使用者」對於你的產品，會有哪些抗拒？以及「影響者」會不會阻止受眾購買？

關於「**使用者**」，例如：高中家教班的購買者是父母，使用者是他們的孩子，孩子會不會因為覺得不想下了課之後還要再繼續上課，或者因為個人情緒的關係，產生強烈抗拒，讓父母打消幫他報名的念頭？如果有可能的話，你要預先說服，但記得你要說服的不是孩子，而是告訴父母，家教老師上課很生動有趣，參加的高中生都很喜歡老師的上課風格，而且再怎麼不捨孩子，孩子的未來都不能一等再等，讓父母盡快做出決定。

關於「**影響者**」，例如：旅遊行程，雖然購買者、使用者都是同一個人，但「影響者」可能是另一半。因為受眾想帶另一半出去玩，而在他們的相處上，另一半可能會對行程會有很多很多想法，讓受眾無法快速做出決定。這個時候，你就不能單純以購買者的角度去說服他，而要再加上女朋友指名度前三名、滿意度最高的旅遊行程等理由，讓他可以減少猶豫、直接訂購，或者用以上說服點去說服他的另一半，讓案子可以順利締結成交。

二、排除其他不買「受眾」

當你的受眾越精準，文字的說服力也會提升，銷售成果就會越好。所以如果你的商品，有哪些受眾不在你設定範圍之內，建議你把他們排除。這裡說的排除，不只是廣告設定的排除，而是直接寫在你的文字內，告訴不是受眾的這群人，你的商品不適合他。當真正的受眾看到你幫他排除了其他不買的受眾，他將會感到更安心，連帶對提升對品牌的信任感。

例如：在我的高階文字力課程「文字影響力」的銷售頁中，就註明了適合對象與不適合對象，如下：

注意！並非所有人都適合這個課程！

本課程適合對象：

知識工作者、教學工作者、行銷企畫人員、微型企業老闆、業務銷售人員、內容行銷人員、社群經理人、部落格經營者、網路創業家、文字創作者、身心靈工作者、衛教醫療人員、斜槓工作者。

本課程不適合對象：

心術不正者、以操弄別人為樂的怪人、內容農場經營者、特定文案信仰者、思想封閉者。

除此之外，如果你的商品有太多原本不是目標受眾的人購買，有可能因為商品真的不適合他，而出現一些抱怨、負評，反而降低了整體滿意度。所以，預先排除不買的受眾，能提整體高滿意度。

＊再看看其他範例

- 給醫師的簡報課
- 男友別來，閨密限定
- 本工作坊僅限講師報名
- 本課程只給真正想賺錢的人
- 專為工程師量身打造的約會活動
- 我們的商品很貴，但一旦用過就回不去了
- 本店餐點一律手工現做，以保留傳統滋味，請耐心等待

這一篇和你分享了受眾的：**對象**、**標籤**、**需求**、**痛點**、**排除**，好好分析你的受眾，想清楚了，你就知道該怎麼透過文字和受眾溝通，讓他買爆你的商品、課程或服務。

Part 3

不只吸睛，更要吸金！
現在起決戰標題！

那天我在博客來訂了幾本書，其中有一本書，我翻了一會兒後，總覺得內容好熟悉。由於作者是日本人，心想應該是同一作者的另一本書吧！因為在我的經驗中，有些來自日本的書，同一作者在不同的書中會提到類似概念，也會有相同範例。

雖然我一開始這樣想，但卻越看越熟悉，好像我跟這本書上輩子就認識了。於是我發揮柯南的精神，依照作者姓名在我的書櫃尋找線索。很快地，我找到他的另一本書，我立刻查看兩本書的書名是不是相同，確認之後，果然不是。但隨即我有個不祥的預感，我接著翻開兩本書的目錄對照，驚訝的發現，兩本書的目錄幾乎是雙胞胎。為求謹慎，我還特別還翻到內頁仔細核對，最後，我確認我買到一模一樣的兩本書，只是書名不同而已。

當下我整個傻眼！明明兩本書名的主題完全不同，一本是文案，一本是故事，左右都不是，為難了自己。我承認當初沒有仔細看，只覺得書名還算吸引人，就放入購物車了，看來我也為低迷的書市貢獻了一份心力。

一本書的書名，可以大大影響銷售量的多寡。有一本書《這世界很煩，但你要很可愛》，2020 年時一直盤據在暢銷排行榜上，據出版業界人士指出，認為是書名立了大功。

書名就是書的標題，從這個故事，你就可以明白標題有多重要了吧？特別現在是個注意力稀缺的時代，下標力決定點擊率，好的標題能帶立刻動銷售，壞的標題直接把顧客送走。

因為深知標題的重要性，我經常花很多時間設計標題，這一篇就和你分享五個銷售型標題的技法。如果你發現範例中有許多書名，不要感到意外，因為書名決定銷量，出版社總是討論很久才會定案，我們當然要好好學習。

Chapter 8

技法：5 種標題技法，讓顧客一看眼睛就被吸住！

一、觸碰痛點

特色：目標受眾遭遇的課題所帶來的痛苦和恐懼，是他們想急於解決的痛點。

公式一：把痛點變問句

把受眾的痛點轉換成問句，就可以輕鬆吸引注意力，範例如下：

《為什麼他賣得比我好？》

銷售人員每天認真服務顧客，努力拜訪顧客，結果卻看到同事業績比你好。思考是不是自己哪裡出了問題？這時看到這本書——銷售女王陳家妤 Lulu 老師的《為什麼他賣得比我好》，便決定買回去研究看看好了！

「什麼是親密關係裡絕對不能踩的雷？」

　　「親密關係裡不能踩的雷」是一句警告，如果曾經在親密關係中受挫，心中可能就有這樣的痛點，把痛點變問句，就變成了「什麼是親密關係裡絕不能踩的雷？」點進去看，原來是心起點舉辦的幸福關係講座，主講者是史庭瑋老師，她除了是心起點的創辦人之外，也是一名關係療癒師，陪伴許多伴侶找到人生的幸福。我第一次接觸非暴力溝通，就是從庭瑋老師那裡學習到的。

「如何才能不當工具人？」

　　在追求愛情時，最痛苦的是某一方對另一方付出很多，幫忙修電腦、溫馨接送、請客吃飯，當了萬能的工具人，結果最後他還是愛上別人。

　　所以「如何才能不當工具人」就成為不想當工具人的這群人想知道的事情，點進去看發現原來是「非誠勿擾快速約會」，現在他們在 Podcast 還有節目：好女人的情場攻略。

＊再看看其他範例

- 水煮食物可以先不要嗎？
- 如何擺脫存不了錢的痛苦？
- 你覺得每天都腰痠背痛嗎？
- 電信方案百百種，到底該選哪一款？（亞太電信）
- 夏天精神不振，白天想睡覺、晚上睡不著？

#公式二：描繪痛苦場景

描繪痛苦場景可以讓受眾更有感覺，也可以用問句的形式，如下：

「煮得一手好菜，餐廳就能開得成功？」

很多人覺得自己會做菜，所以開餐廳應該很簡單，後來才發現創業沒有那麼簡單。所以這一句：「煮得一手好菜，餐廳就能開得成功？」場景在於自己煮菜接著開餐廳，痛苦就是不一定會成功，所以「JK STUDIO 新義法料理」在臺北能開得成功，除了餐點美味，也在品牌行銷上，下了很多功夫。

「想抓住臺下注意力，卻不知道該怎麼做嗎？」

只要上臺，不論是授課、演講，還是報告，最怕沒講幾句，大家就不想聽了，這個時候在臺上的你整個尷尬到不行，這些都是痛苦的場景。所以看到「想抓住臺下注意力，卻不知道該怎麼做嗎？」這個標題，就會想「哇！好想知道該怎麼做？」點進去一看，原來只要上曾培祐老師與莊越翔老師合開的「即課吸睛」這門課，就能抓住臺下的注意力。這門課程我也上過，可以學到滿滿抓住臺下注意力的大大小小活動，很適合教學工作者。

「總是塞爆的衣櫃該怎麼整理？ 1 分鐘教會你」

相信這是很多女性朋友的心聲，衣服永遠少一件，衣櫃塞到快滿出來。這個痛點就是衣服太多，卻不會整理，讓衣櫃塞爆了，不知道該怎麼辦。結果有人卻告訴你可以 1 分鐘教會你，感覺很簡單，那就點進去試試看囉！點進去一看，如果不是一篇教學文，那就是賣收納箱的吧！

＊再看看其他範例

- 什麼是遞名片時千萬不能做的事？
- 冬天四肢冰冷，襪子穿兩層仍然感受不到自己的腳趾？
- 你曾在健身房運動，以為有美女來搭訕，結果是一場誤會嗎？

二、宣示賣點

特色：直球對決！把賣點放在標題，快速吸引潛在受眾，並篩選顧客。

#公式一：最大賣點

一個商品、課程或服務的賣點絕對不只有一個，但在標題中要抓住最主要的賣點是什麼？才能比較有效率的吸引受眾目光，而且找到最大賣點，才有機會在市場突圍。

《小說課之王：折磨讀者的祕密》

這個標題是一本書的書名，也是我個人很推薦的一本書。記得當我第一次閱讀這本書時，整個人就掉進去了，等到我跳出來時，已經不知道過了多久，只知道我讀完了。這本書由華語首席故事教練許榮哲老師所寫，於 2020 年於天下文化出版。

《小說課之王：折磨讀者的祕密》教你怎麼看懂小說背後讓人想讀下去的祕密——讓讀者享受閱讀過程中帶來的情緒折磨。許榮哲老師分析了大量的經典小說題材，就算你沒有讀過這些小說原著也能領略奧妙，所以這本書稱之為「小說課之王」當之無愧。

《如何創造全世界最好的工作》

我們都在尋找一份好的工作，但全世界最好工作在哪裡呢？「千萬講師謝文憲」憲哥用一本書的時間告訴你答案。不管你是不是講師，光看到這個標題就會覺得很吸引人。《如何創造全世界最好的工作》於 2020 年在商周出版，我也有買一本，很佩服憲哥竟然把他的收入明細，都攤在陽光下給大家看。

「穿比不穿還涼的行動冷氣防曬外套（ONEBOY 冰鋒衣）」

這句廣告標題是我在路邊等紅綠燈時，在經過的公車車體外部廣告看到的，那時剛好是炎炎夏日，看到特別有感覺。有次我在文大教育推廣部的課堂上分享這個案例，有位學員立刻舉手表示他也看過，但他是在騎車的時候看到，馬路上廢氣蒸騰，難怪印象深刻。

「有行銷力的文字寫作課：12 小時搞懂 20 招熱銷文案煉金術」

這是一門我的文字寫作課，課程名稱是不是感覺很吸引人呢？因為開課單位把好賣的關鍵字全部都加到副標，包含「熱銷」、「文案」與「煉金術」。除此之外，透過數字讓賣點變得更具體，所以下一個公式就要和你分享「加入數字」。

＊再看看其他範例

- 油，我們只用一次（祿鼎記）
- 旅遊書上找不到的隱藏版美食

- 不論來幾次都覺得好玩的度假小島
- 生蛋拌飯專用醬油（日本 OTAMAHAN）
- 翻轉生命框架，照亮兒少上學路（勵馨基金會）
- 蔬果，輕鬆補，營養補充一杯就夠（橙姑娘｜ 101 蔬果輕鬆補）
- 找到你的魅力人聲，你的人生將更有魅力（布琳達的麥克風）
- 每月 360，邀您一起守護清寒單親媽的依靠（人安社福基金會）

公式二：加入數字

數字可以是數量、百分比、時間、金額等，重點在於讓賣點更具體明確。

「OPPO 手機，充電五分鐘，通話兩小時！」

我沒用過 OPPO 的手機，但如果這支手機只要充電五分鐘，就能長時間通話，真的是很厲害的賣點。透過充電時間短與通話時間長的對比，短短幾個字就讓人對 OPPO 的手機產生興趣。

《51 家超熱門的親子露營地》

我不確定你有沒有露營過，但你知道哪裡可以露營嗎？你知道哪裡是親子露營的聖地嗎？大大創意有一本書，書名叫做《51 家超熱門的親子露營地》，不但告訴你最熱門的親子露營地，還明確指出共有 51 家，哇！感覺好多。透過明確的數量，只要買了這本書，帶孩子去露營就沒什麼問題了。

《90%客戶都點頭的 5 分鐘上手圈粉攻略》

這是雷龍式銷售的黃國華老師寫的書，這個標題就用了百分比「90%客戶都點頭」，還有時間「只要 5 分鐘」，感覺讓人覺得簡單上手。精研銷售策略的國華老師在國內各大保險公司巡迴演講，也針對保險業務人員開設課程，豐富的內容與實用的技巧，讓許多保險業務人員的業績，在學習之後都能有效提升。

「銀行存款從沒超過 100 萬？XX 理財達人教你如何無痛存款」

存下第一桶金 100 萬元是所有年輕人的夢想，但其實很多人終其一生存款也從來沒有存下 100 萬過。前面那一句「銀行存款從沒超過 100 萬」是痛點，後面那一句「XX 理財達人教你如何無痛存款」是賣點，兩者結合就成為一個很有吸引力的標題了！想讓錢變多嗎？那來看看這篇在寫什麼？點進去原來是「有錢人的商業思維」，告訴你什麼投資工具比較好？

＊再看看其他範例

- 六分鐘護一生（子宮頸抹片檢查）
- 一通電話，當日配送
- 捷運 XX 站！出站 30 秒就到家！
- 每天 15 分鐘就能學會說西班牙語
- 文字行動力：6 小時學會 15 種勸敗金句寫法
- 即使是單身狗，默默守在一百公尺外，女神的笑臉也拍得到喔（數位相機）

・ 愛心定存——讓 100 萬受助者的幸福沒有句點（聯合勸募協會）

三、引爆驚點

特色：顛覆認知的想法，或者提出爭議的觀點，藉以引發注意力。

#公式一：一次顛覆

用簡單一句話就顛覆受眾原本認知，快速抓住眼球。

「學英文不用背單字」

不會單字英文也學得好嗎？如果你的英文很爛，又想學好英文，這時候看到這樣的標題，就可能好奇點進去看看，後來才知道原來是一對一真人教學，不用自己苦苦背單字。這個公式是「這件事情不需要怎麼樣也會」，如果反過來「不需要怎麼樣也會這件事情」也行，例如「不懂韓語拼音也能背單字」，如果你剛好想學韓文，會不會想知道該怎麼做呢？

《這些湯徹底改變了我》

哇！「湯」竟然可以改變一個人的人生，到底是什麼湯？背後又有什麼故事？這個範例出自於大大創意出版的一本書，作者是吳吉琳。這本書出版之後，因為賣得太好，後來以《這些湯徹底改變了我》為主題，陸續出了四、五本書，你看好的標題是不是真的很重要？

「沒事別想不開去創業」

對於懷抱創業夢想的人，看到這一個標題就會忍不住想點進去。我之前在大學育成中心授課時，列出了十個不同的標題，問大家對哪個標題比較有興趣，其中「沒事別想不開去創業」這個標題，最引起大家的關注。

因為在育成中心裡都是正在創業或者準備創業的大學生，因此看到和認知不同的觀點，特別帶有嚇阻意味，當然想知道為什麼。點進去一看，才知道原來是陳政廷老師的「商業模式設計」課程，學會了商業模式再創業，才不會落入創業即失業的窘境。

＊再看看其他範例

- 農夫山泉有點甜（農夫山泉）
- 你的孩子不是你的孩子
- 讓學生乖乖聽你話的小心機
- 沒有好的商品名千萬別做行銷
- 《業務之神的安靜成交術》（馬修 · 波勒｜三采）
- 《就怕平庸成為你人生的注解》（歐陽立中｜天下文化）
- 你所認識的 SEO 知識大部分都是錯的

公式二：兩段描述

「兩段描述」顧名思義就是將文字分成兩段，以創造閱讀的節奏感。

「存錢，正是讓你越來越窮的原因」

以結構而言，透過逗點區隔成為兩個段落，強化對比的感覺。以內容而言，多數人都認為一定要先存錢，你才會變有錢，結果這個標題卻說「存錢，正是讓你越來越窮的原因。」完全的顛覆認知，點進去看才知道，原來並不是完全否認存錢的好處，而是告訴你不要當守財奴，只懂得節省，把錢存下來。重要的是你留下來的錢，要去創造更大的價值。

首先，投資自己的腦袋，讓自己能力提升後，你能賺到的錢也變多，例如：報名 Elton 的所有課程。再來，用錢滾錢，這樣賺錢才會輕鬆，例如：找科技新貴包租公 Alex，他會告訴你如何用錢賺錢，才能跟他一樣能做到財務自由，提早退休。

「寫好文案並不難，只是多數人把文案想得太難」

以結構來看，「寫好文案並不難」是一段，「只是多數人把文案想得太難」是一段。「寫好文案並不難」，這句就顛覆了多數的人的認知，因為感覺文案是個比較專業的技術。但後面那一句又加強了寫好文案不難的觀點，原因是多數人把文案想得太難。

當你看到這個標題時，你可能會想，該不會我也把文案想得太難了吧？於是好奇點進去看看，後來看到了一些基本文案教學，才了解原來要上手，真的沒想像中困難。而這個句型「什麼並不難，只是什麼太怎麼樣」是一個很好套用的句型，例如：「創業並不難，只是多數人把創業想得太難！」「情緒管理並不難，只是太多人把情緒管理講得太難！」不妨試試看喔！

「騙人！製作夢想板，竟然是讓你無法完成夢想的原因？」

這是我之前某一封開信率超過 30%以上的電子報的主旨（即標題）。以語意而言，「騙人」與「製作夢想板」算上半段，「竟然是讓你無法完成夢想的原因」算下半段。製作夢想板是很多業務團隊每年都會做的事情，這是讓夢想顯化的方法。

但這個標題卻說製作夢想板就是無法完成夢想的原因，這就會讓受眾感到驚訝，為什麼會這樣呢？難道我錯了嗎？難道我這麼多年來都錯了嗎？這是亂說的吧？帶著紛雜的情緒點進去看，才發現原來要讓夢想顯化，不能只是做好夢想板，而是要去參與「微亮計畫」的教練工作坊，找到你內心的渴望，一步步找到人生的方向。

「你以為的寫作，不過是在浪費時間」

寫作的好處無庸置疑，可以鍛鍊思考、傳達想法，也能藉由文字累積品牌資產。所以看到這個標題，可能會讓人嚇一跳！為什麼我們認知的寫作，是浪費時間？原來他的意思是，網路寫作不能再像傳統作文一樣，強調起承轉合，而是要寫出符合網路社群時代的文字。

如果過於守舊，即使產出再多的內容，也沒辦法創造網路的影響力。點進去一看，原來是 VISTA 鄭緯筌老師的「寫作陪伴計畫」，手把手帶你寫出內容行銷續航力。

＊再看看其他範例

- 不可思議的唇色，閃亮水嫩光澤
- 你所不知道的澎湖，在地人帶你認識
- 別人嘴裡的蠢事，成為我賺錢的本事
- 沒吃福義軒，我都不敢說你來過嘉義
- 面試必勝祕訣，前人力銀行主管偷偷教你
- 決定成為老師前，我也曾經憂鬱到想要了結自己（雀兒喜老師）

四、製造懸點

特色：在標題留下懸念，直接引起好奇心，讓人想找答案。

#公式一：驚嘆＋反差

先有一個驚嘆詞，再加上一個讓人感到反差的狀況。

「天哪！我竟然冒著失業風險告訴你這些 XXXX Knowhow」

「天哪」就是驚嘆詞，「告訴你這些 Knowhow」就是讓人感到反差的狀況。到底是什麼 Knowhow ？這就是「懸點」，同時「冒著失業風險」也等於是顛覆認知的訊息，因此讓人好奇。

「怎麼可能？課都還沒上完，銷售力已經提升？」

「怎麼可能」是驚嘆詞，「課還沒上完銷售力已經提升」就是讓人感到反差的狀況，因為不知道是什麼課，所以是懸點，還沒上完課，能力就提升，也是顛覆認知。

原來我的這門課程，默默地幫助學員改變了銷售的觀念，她竟然用課堂上教的高階文字力概念，橫向移植到電話銷售上，短短幾分鐘就成交了好幾倍的學費，連我都自嘆弗如啊！

＊再看看其他範例

- 不會吧？ 80 歲阿嬤竟然擊倒 180 壯漢？
- 最好是這麼好啦！我絕對不會掏錢買這個東西…

＃公式二：提示＋……

也就是話說一半，後面加上標點符號點點點，代表未完待續。

「原本我超討厭喝汽水，但現在居然每天喝，因為……」

印象中汽水都是糖分，是一種很不健康的飲品，所以重視健康的人通常不太喝汽水。為什麼原本討厭喝汽水的人，現在卻變成每天喝，原來這罐汽水是沒有糖分，而且添加膳食纖維的新產品，所以喝了也不會有負擔，還可以幫助腸胃蠕動，難怪一試成主顧。好啦！我承認這是我的心聲啦！

「一家人自駕旅遊，下高速公路才發現孩子沒上車……」

所以旅遊業的朋友告訴你的顧客，不要再自由行了，搞不好連孩子都忘記。我們規畫了很棒的親子行程，非常適合你們。不過，這突然讓我想起國小校外教學去六福村玩，離開時有同學還沒上遊覽車，車就開了，大概是存在感薄弱，竟然沒人發現。於是他在遊覽車後面一把鼻涕一把淚的追趕，好險只是剛離開大門，否則他就變成自由行，要自己回臺北了。

＊再看看其他範例

- 再不跟你說，你會恨我……
- 揭開驚人美肌效果之謎……
- 你需要的不是時間管理，而是……
- 我帶來一個壞消息，和一個好消息……

＃公式三：狀況＋提問

也就是先描述一個狀況再提出問題，而這個狀況通常可以反映賣點。

「他邊洗澡邊跳舞，為什麼不怕滑倒？」

在浴室洗澡，滿地都是水，地板應該很濕滑，有人竟然敢一邊洗澡一邊跳舞，不是很容易滑倒嗎？所謂一花一世界，一跳一仆街啊！點進去一看，原來是「良品大師——地板防滑專家」，幫浴室做地板防滑，有良品，讓你不再步步驚心。

＊再看看其他範例

- 不工作，為什麼卻更有錢？
- 鞋子上有 300 個洞，為什麼還能防水？
- 為什麼疲累時，你需要的不是休息，而是運動？

五、共鳴暖點

特色：對特定受眾喊話，引發多數人會有共同感受的情境，或者替受眾說心裡說不出口的話。

公式一：直接喊話

對特定族群、想法或行為的人喊話，使其產生共鳴。

「給想吃又想瘦的人」

感覺很矛盾，卻是很多人的寫照。其實你只要找「TFL 淬煉學院」最專業的教練，安排一對一的運動指導，你不但能大吃大喝，又同時能保持良好、健美的身材。你可能不知道，有些人熱愛運動的原因，就是為了能讓自己有本錢大吃大喝呀！

「給總是下午突然想打瞌睡的你」

每天一到下午，眼皮就撐不住，但又不好意思說，可能是晚上沒睡好，但總不能老是靠咖啡吧？不然喝太多，晚上又睡不著，造成惡性循環。所以你要買 Lovefu 樂眠枕，改善你的睡眠品質，白天就更有精神囉！

《報告狗老大：楊靜宇醫師的全方位健狗大補帖》

這標題顯然是針對愛狗人士所設計，把寵物的地位提高，高過於飼養的主人，顯示自己對寵物的溺愛，就像養貓的人喜歡稱呼自己為貓奴，或者鏟屎官一樣。對於愛狗人士而言，是一個有共鳴的標題，此為楊靜宇醫師所撰寫，由大大創意出版的一本寵物專書。

＊再看看其他範例

- 給想學測滿級分的你
- 40 歲熟男的必備行頭
- 160 的小隻男孩有福了
- 推薦給意志力薄弱的人
- 男人的第二生命是髮型
- 讓女人著迷的約會行程
- 最適合與情人一起度過的 5 個日子
- 男人的早晨，這樣開始就對了
- 用愛澆熄，暴力遠離，受暴婦幼復原路上需要你相挺（婦女救援社福基金會）

#公式二：共同感受

引發多數人會有共同感受的情境，或者替受眾說心裡說不出口的話。

「認真的女人最美麗」

這是臺新銀行非常經典的廣告標語，體察到女性在生活與職場上的辛苦，看見女性的認真與付出，溫暖的告訴你認真的女人最美麗，因此獲得廣大女性受眾的認同。

「談錢，才是對員工最好的尊重」

只要在職場上，這句話大家一定很有共鳴。不用跟我講那麼多，幫我加薪，讓我多賺一點錢，我才相信你是對我好的，你是真的尊重我的。所以加盟「良品」防滑事業，時薪兩千元不是夢，不只跟你談願景，直接跟你談能賺多少錢。讓自己不再只替老闆賣命，做多少賺多少，下班後成為自己的老闆，開始拓展斜槓事業。

＊再看看其他範例

- 見證愛情的打卡熱點
- 上班族辛苦了，送上小確幸
- 爸爸，再陪我久一點（陽光基金會）
- 一個可以安心偷哭的地方（麥當勞叔叔之家基金

會）

- 大小拉小手，讓我陪著你慢慢走（伊甸基金會）
- 你學英文的痛，英文老師的我都曾經歷過（雀兒喜老師）
- 不殺價，才是對老闆最好的尊重
- 與人為善的那顆心，才是你最強大的武器
- 別讓淚水變成遺憾的代名詞（光合鮮活社企）
- 愛，需要勇敢面對，做好準備，讓愛永存（光合鮮活社企）
- 不是你的夢想太脆弱，而是我們的人生太唐突（服務人文體驗營）

Chapter 9

心法：4 大下標心法，決定了你的標題好不好賣！

標題的功能除了「吸引閱讀」、「界定受眾」之外，還要注意哪些重點，才能強化標題的銷售力？有四個重點，也是標題的心法：第一個重點是「**急迫性**」，第二個重點是「**獨特性**」，第三個重點是「**明確性**」，第四個重點是「**收益性**」，我們依序來看看：

一、急迫性：為什麼他現在要看？

- 「疫」起助貧（家扶基金會）
- 現在起，就靠投資致富
- 揮別炎熱就從今年夏季（奇異冷氣機）
- 再不暢遊世界，我們就老了（旅遊業）
- 今天看一下這篇文，因為明天看到也沒用（倒數截

止）

- 只剩最後 28 個，在你看這行標題時又少了一個（通知庫存不足）
- 108 年絕育經費已用罄，浪犬絕育不能等（臺灣懷生相信動物協會）

二、獨特性：你的東西有哪裡不同？

- 乳影隨行，偏鄉乳篩（乳癌防治基金會）
- 加速遙遙領先，用油一路殿後（March 汽車）
- 銜接母乳，最好的成長奶粉（桂格奶粉）
- 獨家配方，三效合一，維持青春與活力（保健食品）
- 你唯一要擔心的是如何向孩子解釋（醫美診所）
- 碳水化合物的真相！和你想像的完全不一樣（鐵人 28 運動俱樂部）
- 疼惜長輩，澡回幸福（伊甸基金會）

三、明確性：你想清楚告知什麼？

- 一年買兩件衣服是道德的（中興百貨）

- 寒冬送暖，救助顏損弱勢家族（陽光基金會）
- 寶石設計，每一條項鍊都獨一無二（美石主義）
- 5 個成人學習的致命錯誤，而且很常見
- 如何透過鈔級文字力線上課程省下一半的廣告費用？
- 推薦朋友拿 $200，於 XX/XX ～ XX/XX 核卡且完成首刷，每卡送 $200 購物金，回饋無上限
- 每月 1650，一路有您，助植物人常年服務（創世基金會）

四、收益性：他能得到什麼好處？

- 新朋友獨享，199 上網吃到飽
- 分享三倍券，讓愛三倍動（中華唐氏症基金會）
- 影像閱讀術，一年閱讀一百本書（尋意老師）
- 鮮為人知的投資祕密武器，讓你獲利翻五倍（有錢人的商業思維）
- 1000 元能買到什麼？可以上一整季的【字遊主義】讀書會
- 給我 90 分鐘，我給你 LINE 官方帳號社群經營全攻

略（許涵婷老師）

- 捐百元助癌友，總價 30 萬元好禮等你拿（癌症希望基金會）

促進銷售的標題有四大心法：「急迫性」、「獨特性」、「明確性」、「收益性」，在你下標題時不妨思考一下，你的標題有沒符合？不過，下標題總有腸思枯竭的時候，這時候該怎麼辦呢？

Chapter 10

點子：沒有靈感嗎？ 8個點子讓你靈感多到可以借別人！

靈感往往來自於素材，而素材要隨時儲存與準備。以下提供八個下標題的點子，讓你沒靈感時也能寫出好標題。

第一個點子：提問

當你提出了一個問題，而這個問題的答案，剛好是受眾想知道的，就會讓人想繼續看下去。設計問句的最簡單有效的方法，就是你可以把「賣點」或「痛點」轉換成問句，而問句的形式，以下列舉五種：

#「嗎」

- 你有失眠的煩惱嗎？
- 你有貸不到款的問題嗎？

「如何」

- 《如何閱讀一本書》（莫提默 · 艾德勒、查理 · 范多倫｜臺灣商務）
- 如何用 5 天賺到 5 個月的收入？

「什麼是」

- 什麼是從沒有訂單到天天進單的祕訣？
- 什麼是連現代格鬥高手都想學的傳統武術？

「為什麼」

- 為什麼找對的發言人比找對的代言人重要？
- 《為什麼我們這樣生活，那樣工作？》（查爾斯 · 杜希格｜大塊文化）

「想要……」

- 想要讓肌膚變得更水嫩透亮嗎？
- 想要網路創業，卻不知道如何開始嗎？

＊再看看其他範例

- 《心理學如何幫助了我？》（劉軒｜天下文化）
- 為何上行銷課沒用？除非你先解決這 3 件事情……
- 你終究要開歐洲車的，那為什麼不一開始就開？（Skoda）
- 農曆鬼月，愛車逐漸有不明狀況？柴道長維修專線（欣德利車輛工程）
- 你想品嚐當天新鮮的萬里蟹嗎？可以來新小微漁坊，我們為你上菜（新小微漁坊餐廳）

第二個點子：盤點

盤點就是在標題中提示，內文整理了受眾所需要的關鍵資訊，以下分成四種技巧：

#「所有」

「所有讓顧客買爆的方法都在這裡了」

在「鈔級文字力」的線上課程中，運用了相同的方法，暗示只要你想透過文字賣得更好，這裡有你所需要的全部內容，這門線上課程已在「學到」平臺上架，讀到這裡的你，可能很快就會去購買了。

「我把所有最實用的說故事方法，都寫進這本書了。」

在歐陽立中老師寫的《故事學》這本書中，他提到「我把所有最實用的說故事方法，都寫進這本書了。」也是用了相同的概念，當我閱讀這本書之後，確實學到很多說故事的技巧，而且淺顯易懂，很有收穫。

＊再看看其他範例

- 所有打造「爆款基因」的方法都在這裡了
- 胸大肌怎麼練？所有練胸大肌的方法都在這裡
- 《遠距工作這樣做：所有你想知道的 Working Remotely 效率方法都在這裡》（Xdite 鄭伊廷｜PCuSER 電腦人文化）

#「最」，最多、最長、最遠

「女生最愛的 10 種情人節禮物」

當你不知道情人節要送什麼禮物，看到這個標題點進去，幫你整理好了 10 種情人節禮物，乾脆就直接挑一個吧。

#「不該做的幾件事」

「男人注意！談戀愛永遠不該做的 3 件事情。」

算是盤點中的警告，提醒千萬有哪些事情不要做，做了就陷入萬劫不復的深淵。如果你還是單身，不想當工具人，想要趕快開始談場優質戀愛，那就找「非誠勿擾快速約會」吧！脫單，現在還來得及喔！

#一次用多個數字

《輕鬆七日、一日三餐，低碳‧生酮飲食 97 道》

讓人感覺非常的具體、明確，這是曾心怡在悅知出版的一本書。當初我在博客來逛，看到書名就覺得非常吸引人，而且感覺很專業，幾乎想直接放進購物車了。

不是我想減肥，而我是想了解什麼是生酮飲食，不然在網路上瀏覽總是一知半解，看到這本還有醫師背書，於是我就真的買了。

＊再看看其他範例

- 10000 個紅包，10000 個契機（臺灣世界展望會）
- 植物人常年服務暨第 31 屆寒士吃飽 30（創世基金會）
- 《一句說重點。4 步驟、7 方法、刻進右腦的 20 個關鍵字，寫出短精勁趣的走心文案》（田口貞子｜Suncolor）

第三個點子：負面

透過文字創造負面的情緒，也是顛覆認知、引起爭議的方法。

#負面用語

《你的溝通必須更有心機》

心機這兩個字帶有一點點負面的感覺，竟然和溝通這樣比較正面的行為連結在一起，讓人很好奇。原來諮商心理師陳雪如的意思是，你要了解人類的心理機關是怎麼運作的，你才能在生活上、工作上有效溝通，心機指的就是心理機關。運用稍微負面的字眼吸引大家關注，《你的溝通必須更有心機》是陳雪如在 2019 年於時報出版。她活用心理學專業，讓你看懂人類的心理機關，你能讀懂多少心機，決定你在職涯發展的軌跡。

#負面意象

《華爾街之狼》

有些字會聯想到負面的意象，例如：華爾街之狼的「狼」這個字，會讓我們想到的是快速、殘忍、兇猛，是一頭野獸，而華爾街也是充滿競爭的環境，所以華爾街之狼，會讓人感覺這傢伙很厲害。

如果換個字眼，變成是華爾街之羊，感覺就完全不同了，感覺是被欺負、任人擺布，最後被狼吃了。因為羊的意象是溫和、可愛、沒有攻擊性的生物，如果出現在可怕的華爾街，大概只有待宰的份吧！《華爾街之狼》是喬登．貝爾福的自傳小說，由時報出版，之前也拍了電影，非常好看。

使用負面標題要非常注意，你要思考負面的用語、負面的意象和你的品牌是否能連結？像喬登・貝爾福他擺明就是個壞蛋，所以他的品牌形象和華爾街之狼就是一致的，甚至還能幫他加分。但如果你的品牌都是正面、良善的形象，那使用時就要謹慎一點喔！可以玩一下，但不要太過火。

＊再看看其他範例

- 《當洗腦統治了我們：思想控制的技術》（岡田尊司｜遠流）
- 《嚴禁惡用！跟詐騙集團學「暗黑交涉術」》（多田文明｜野人）

第四個點子：專業

在標題中呈現專業感，也是提升標題吸引力的方式。

#善用品牌形象

《我在微軟學到的模組簡報技術》

光看到看到微軟這兩個字，你是不是就感到很好奇？

因為微軟這個品牌很大、很知名，會讓人聯想到專業感，這是由先行智庫執行長蘇書平在大是文化出的一本書。因為他之前在微軟任職，所以相當有公信力。

這本書我也有買，讀完後確實覺得和一般重視簡報技術的簡報書不同，而是更重視商業提案的架構。在「九比一」線上課程平臺也有相關學習資源。

＊再看看其他範例

- 《Google 最受歡迎的正念課：每次開課數百人爭取，臉書、高盛、麥肯錫紛紛引進，他們這樣培養未來需要的人才》（荻野淳也、木蔵シャフェ君子、吉田典生｜大是文化）
- 《麥肯錫問題分析與解決技巧：為什麼他們問完問題，答案就跟著出現了？》（高杉尚孝｜大是文化）
- 《教練：價值兆元的管理課，賈伯斯、佩吉、皮查不公開教練的高績效團隊心法》（艾力克．施密特、強納森．羅森柏格、亞倫．伊格爾｜天下雜誌）

#善用專有名詞

《內容感動行銷：用 FAB 法則套公式，「無痛」寫出超亮點！》

這是內容駭客鄭緯筌 Vista 老師在方言文化出的一本書。其中有一個專有名詞叫做「FAB 法則」，三個英文字母的意思，分別代表 Feature 屬性、Advantage 優勢和 Benefit 利益所組成，放在標題當中，立刻能吸引大家的目光。

在標題呈現「專業感」非常適合服務與課程，如果你要賣的服務與課程，不妨試試。思考能否和什麼品牌連結，或者有什麼特殊專有名詞，以提升專業感。

＊再看看其他範例

- 唯一將幸福列為標準配備（Mitsubishi SAVRIN）
- 牙醫師第一推薦的抗敏感品牌（舒酸定牙膏）

第五個點子：獨家

獨家資訊因為取得不易，所以會有特殊感、珍貴感，如果揭露的單位是有公信力的，也會有專業感，以下分享兩個技巧：

內部資訊

《麥當勞操作手冊》

從企業內部取得的資訊，感覺非常機密。多年前買過一本書叫做《麥當勞操作手冊》，當初衝著這本書的書名就買了，後來被一位麥當勞的店經理看到，他整個嚇到，他說裡面把麥當勞所有的員工守則都放進去了，這些資料只有麥當勞的員工才能拿到。這本書是 2003 年出版，已經很久了，目前也已絕版。

＊再看看其他範例

- 現任五星飯店行政主廚教你做甜點
- 前 Facebook 員工教你怎麼經營臉書
- 前 APPLE 設計師教你如何做好出色的產品設計

#非常獨特

《遊戲人生：善用遊戲，活化教育，玩出新高度》

我曾參與過楊田林老師的「善用遊戲提高培訓效益」課程，在一整天的「遊戲」中，體悟了遊戲化教學的關鍵心法。透過清晰的定位做出差異化，也能變成「獨家」，楊田林老師在 2020 年重新於商周出版的《遊戲人生：善用遊戲，活化教育，玩出新高度》，就用了「遊戲人生」四個字。遊戲已經融入他的人生之中，遊戲無所不在，想活化教育，玩出新高度，就一定要向經驗豐富的楊田林老師學習。

＊再看看其他範例

- 文字影響力：文字的表達、溝通與銷售，適用於多數文體的終極文字力

第六個點子：效益

強調效益，可分成兩個技巧，第一個是「**強調達成效果**」，第二個技巧是「**強調達成容易**」。

#強調達成效果

「讓金牌銷售教練，教你如何業績翻倍賺」

強調你的商品、課程或服務最後能帶來什麼好處？達成效果就是業績翻倍賺，這是陳家妤 Lulu 老師的《為什麼他賣得比我好》這本書的副標。

#強調達成容易

「3 小時打造你的知識體系」

通常強調容易達成會放入具體的時間，而且是比較短的時間，例如幾天、幾個小時，而且會有具體成果。高效讀書會是我之前辦過的公益讀書會，「3 小時」就是比較短的時間，「打造你的知識體系」就是具體的成果。你也可以試試這個公式：「**多久時間，帶來什麼樣的成果。**」

強調效益，在美妝保養品上也很常見，例如：專利凝水技術，沁涼好吸收、隨時補水，48H 長效保濕。

＊再看看其他範例

- 當天來回的輕旅行

- 止口渴又不礙胃（愛滋味麥仔茶）
- 不傷手，無殘留（立白洗衣精）
- 有點黏又不會太黏（中興米）
- 管它什麼垢，一瓶就夠（3M 魔利萬用去污劑）
- 躺著玩，坐著玩，趴著玩，還是八仙好玩（八仙樂園）

第七個點子：祕訣

祕訣不一定是什麼高深莫測的觀念或技術，也不一定很複雜或困難，祕訣是「專家不想讓你知道」，或者「大家都不知道」，但卻是很關鍵的事情。

專家不想讓你知道

「電商投手不想讓你知道的廣告投放祕密」

因為專業的累積是辛苦的，或者說專家想要鞏固專業地位，所以有些事情不想讓其他人知道。以投放廣告來說，電商投手可以說是最厲害的廣告專家，因為他們時時刻刻都在跟廣告搏鬥。所以如果你想學習廣告投放，看到這個標題：「電商投手不想讓你知道的廣告投放祕密」，你會不會想點擊進去看看？

大家都不知道

「這是 90%以上減肥的人都不知道的瘦身祕訣」

有些事情是專家知道而已，有些是只有少數人知道，甚至連專家都不見得清楚。就像現在越來越多人接受生酮飲食的概念，但在幾年前還鮮為人知的時候，連營養師、專業醫師都不了解生酮飲食是什麼？所以如果你掌握一些大家都不知道的事情，那就是珍貴的祕訣，也許這就是所謂「90%以上減肥的人都不知道的瘦身祕訣」。

祕訣也要謹慎使用，因為現在資訊流通，所謂真正的祕訣越來越少，如果你的資訊是很普通的資訊，也沒辦法給人啟發，那就沒辦法稱之為祕訣。雖然祕訣好用，但用這兩個字的時候，請思考，對於你的受眾而言，這些東西算是祕訣嗎？

＊再看看其他範例

- 《房仲業不告訴你的 50 件事》（李偉麟｜商周出版）
- 時間是有錢人絕口不提的祕密
- XX 個你希望自己早知道的超實用小祕訣
- 《叫賣竹竿的小販為什麼不會倒？—你一定用得到的金錢知識》（山田真哉｜先覺）

第八個點子：優惠

直接在標題上放入近期的優惠，最好是針對的是買過你的商品、課程或服務的受眾，以下分享兩個關於優惠的技巧：

低價優惠

「太誇張！現在買 XXX 商品，再送價值 2,000 元的 XXX 好禮！」

用贈品當作賣點吸引人，是促進購買的行銷方法。

「疫情期間失業潮～產業培訓最高全額補助」

這是我之前在臉書看到的一則廣告標題，開課單位是赫綵電腦設計學院。疫情期間很多人失業，上課最高全額補助，也就是不用錢的意思，真的很吸引人。

#置入關鍵字

就能讓優惠變得更好賣，列舉如下：免運、免費、省下 XXX 元、折扣 25%、買 1 送 1、第二件六折、滿千送百……等等。

***再看看其他範例**

- 10 大吃到飽餐廳
- 用大金，省大金（大金冷氣）
- 雙十一，最低十一元起
- 跨年旅遊，早鳥報名享優惠
- 五星級飯店 1.8 折起！最高 10%點數回饋無上限！
- 島嶼手帳 募資倒數 展開內在航海的最後機會
- 布置空間不知如何下手？免費提供懶人包給您（建

築療癒師 唐嘉鴻）

- 年票今天截止，果斷的人，永遠懂得把握機會（【字遊主義】讀書會）
- 報名本次「高價值自我工作坊」含沐妮亞噴霧一瓶（Monia Love Center 沐妮亞愛之心）
- 現在買志祺七七《架構性思考：從資料整理到觀點表達》，除了享早鳥優惠 1480 元 ，再送精美設計的小手札（志祺七七 X 圖文不符）

Part 4

讓他忍不住看下去、買起來？你需要給他五大情境誘因！

有個學員幫我的課程寫了一篇推薦文，他說「Elton 老師的文字，有種魔力。還記得當初上的這堂課程，是在朋友臉書上看到，我完全不認識他。但不知怎麼的，我邊看介紹邊點頭，心裡想著，完全就是我需要的。」於是他在第一次看到銷售頁，第一次知道我這位講師，就立刻報了我一整天的課程。很感謝這位學員的肯定，也要感謝當初在臉書上分享課程資訊的那位朋友。

無獨有偶，不久前我幫某位老師的課程寫了推薦文，他看完後，打趣的在臉書上寫了一段文字：「我很怕讀郁棠的文章，因為明明知道他在業配，手指卻情不自禁點進課程連結，然後心動報名」、「能把課程推薦，寫到讓開課老師都想報名的，郁棠是第一個！」

看來我的文字還真的有些魔力，會讓人想一直看下去，看到最後還會激發購買慾望。問題是到底怎麼讓文字產生這樣的魔力呢？除了之前提到的「受眾」思維之外，你還需掌握更多的「誘因」，才能寫出有魔力的文字，持續提升受眾的慾望。例如：怎麼寫才能讓痛點夠痛？怎麼寫才能讓賣點好賣？感官描繪的重點在哪裡？為什麼要做到情緒連結？如何才能深化文字對內在的影響？這些問題在接下來的這一篇你都能得到解答。

你即將學到五大誘因，都是對應人類本能反應的方法。但請放心，這些內容並不會很艱澀，也許有些你已經知道了，也許有些你還不熟悉，但這些都是你必須牢牢記住的事情。當你掌握了這些誘因之後，如果想要更進一步提升你的文字力，賦予文字真正的魔力，到時候再來找我吧！

Chapter 11

夠痛：如何讓痛點夠痛？顧客才會意識到問題的嚴重性！

想抓住顧客的目光，增加購買誘因，先從掌握人類本能開始。人類的兩大本能：「快樂」和「痛苦」，驅動著我們的想法與行為。

逃避痛苦的力量永遠比追求快樂來得強，當痛點被提起，引起內心恐懼，顧客就會重視這個課題，如果你能為他解套，他就會視你為救世主。當然，最好的解套方法，就是你的商品、課程或服務。

首先，讓痛點夠痛的方法，第一種是「痛上加痛」，用於強化動機，第二種是「痛苦不見」，用於解決痛苦。以下分別說明：

第一種，痛上加痛：痛點＋恐懼

要讓痛點觸動情緒，光是寫出痛點，顧客不一定有明顯感受，所以有時可以延伸描述痛點帶來的恐懼，讓痛苦更往內心走。所以你可以用這個公式：「痛點＋恐懼」，以下分別舉六個範例：

【範例一】

痛點：從以前到現在，文字溝通一直困擾著我。

恐懼：每次要打字時，我心中都充滿不安…。

課程：文字力課程。

【範例二】

痛點：吃東西時，摘下口罩要放哪？

恐懼：摘下口罩隨便放，病毒沾染更可怕！

產品：口罩收納盒。

【範例三】

痛點：有文筆沒有行銷力。

恐懼：你的文字沒有腳，走不進讀者的心裡。

課程：有行銷力的文字寫作課。

【範例四】

痛點：你想一人到國外自助旅行，但連一句英文也說不出來嗎？

恐懼：想到要和外國人講英文，就全身發抖到不行……

課程：英語家教。

【範例五】

痛點：洗面乳越用越多，但洗髮精越用越少？

恐懼：髮際線不斷往後退，擔心自己提早雄性禿？

產品：生髮產品｜植髮療程。

【範例六】

痛點：除非你能讓顧客埋單，否則你在網路上的所有努力，都只是白費力氣。

恐懼：顧客不埋單，你會擔心到感覺永遠不能下班；顧客不埋單，你的夢想全部都變成空想。

課程：鈔級文字力。

「痛點＋恐懼」寫法在銷售頁上、部落格文章中，可以多描述一點，但如果是臉書貼文就可以適度縮短，而如果是 LINE 訊息、或者廣告短文就不宜太多。通常因為篇幅限制，文字最好更快切入重點，這時候另一種寫法，就能派上用場。

第二種、痛苦不見：痛點＋解決

寫下顧客的痛點，並且告知你能幫他解決痛點，就能引起顧客興趣，進而採取行動，你可以用這個公式：「痛點＋解決」，以下一樣列舉六個範例：

【範例一】

痛點：塗口紅沾杯好尷尬？

解決：XX 口紅 24 小時不脫色。

商品：葉小魚｜不脫色口紅。

【範例二】

痛點：想要讓自己看起來更美嗎？

解決：靠眉型，不用微整形。

服務：賀寶萱｜蘭軒美學

【範例三】

痛點：農曆鬼月，愛車逐漸有不明狀況？

解決：柴道長維修專線：XXXX-XXX-XXX

文章：欣德利車輛工程。

【範例四】

痛點：學了一堆心理技巧，自己的情緒卻處理不了？

解決：自我好情緒五大模組，幫你去蕪存菁，留下有用的好情緒，應對棘手的壞情境。

服務：山姆王｜身心系統

【範例五】

痛點：管理很累，領導更累！

解決：先識人，再用人，把員工放在對的位置，他就會變成人才，為你所用。

課程：林哲安｜影響力人際贏學

【範例六】

痛點：法式料理百百種，怎麼點餐搞不懂？

解決：JK 小編推薦每日一菜，讓你逐漸外行變內行，分分鐘成為令人刮目相看的西餐達人。

餐廳：JK STUDIO 新義法料理

相較於第一種「痛上加痛」，第二種「痛苦不見」是不是感覺更容易上手呢？以文案角度審視，「痛點＋解決」幾乎可以說是「銷售型文案」的基本款了。

＊再看看其他範例

心，好像有什麼卡住了……，你想解開自己內心的困惑嗎？生活，好像被什麼困住了……，你想走出人生的徬徨與無助嗎？關係，好像哪裡出了問題……，你想化解彼此的衝突與糾結嗎？

了解 OH 卡，找到通往潛意識的入口，學會引導諮詢，讓潛意識告訴你最真實的答案。

（心起點｜專業 OH 卡諮詢師培訓）

問題來了！有時候顧客就是沒有明顯的痛點，例如：不出國旅遊，人就一定會發瘋嗎？不吃這塊滋味濃郁的鳳梨酥，會搞到茶不思飯不想嗎？答案很明顯，除了少數狂熱者，多數人並不會因此受到影響。換句話說，就是痛點不痛，如果是這樣的情況，該怎麼辦呢？

Chapter 12

好賣：如何讓賣點好賣？才不會寫了一堆顧客都無感！

「恐懼訴求」的效果來自於「逃避痛苦」的人類本能反應，而「精煉賣點」的效果剛好相反，是來自於「追求快樂」的人類本能反應。接下來，我就和你分享讓「賣點好賣」的兩種寫法，讓顧客看了更有感。

第一種、清晰化：賣點＋說明

賣點要濃縮字數，才能有效聚焦，幫助記憶，但精煉過後的賣點，往往比較抽象，或者過於簡短。所以要在賣點後面補充說明，才能讓文字意義更明確，也更有銷售力，以下列舉多個範例：

- 回甘，就像現泡（統一茶裏王）
- 提升績效，找回人生發球權

- 早期療育，照亮孩子的未來（育成基金會）
- 文字銷售力：讓文字成為你的鈔能力
- 《贏在勝任力：迎接 VUCA 時代的人才新戰略》（勵活課程設計講師群｜布克文化）
- 《懶人圖解簡報術：把複雜知識變成一看就懂的圖解懶人包》（林長揚｜ PCuSER 電腦人文化）
- 《超越地表最強小編！社群創業時代：FB ＋ IG 經營這本就夠，百萬網紅的實戰筆記》（冒牌生｜如何）
- 讓文字成為你的魔法棒：寫進升職加薪的入場券，寫出增加營收的放大鏡，寫下幸福溝通的藝術品。

第二種、具體化：「數字＋效果」

數字是具體化的好幫手，可以讓賣點看起來更吸引人，但記得要說明這些數字帶來什麼樣的效果，以下列舉多個範例：

- 每天一粒，幫你保持好狀態
- 前後 2000 萬，拍照更清晰（OPPO）

- 0 元開始，建置你的銷售頁（一頁購物）
- 12 件衣櫥必備單品，搞定一週穿搭
- 自備九萬起，輕鬆入主 XX 捷運生活圈
- 10 小時讓永續成為你的 DNA（優樂地永續講師班學員作品）
- 直播準備 4 大篇& 3 種情境，讓你一手掌握直播要點（桌遊莓老師）
- 開局十連抽，必出五星神將（神魔三國志）
- 2019 年 80 公斤，叫阿肥；2020 年 50 公斤，叫女神
- 從 0 到 1 手把手教你做好看的知識圖卡（艾咪老師的感性圖卡説）

Chapter 13

感官：如果沒打開顧客的感官，文字就難以想像！

人對於世界的認知是由感官輸入，形成記憶，在 NLP（神經語言學）當中被稱為「表象系統」。而人類的感官，分成「視、聽、觸、味、嗅」，也就是所謂的「五感」。當你的文字中能加入感官描繪，就能讓文字從抽象變具體，更有畫面感，你就會成為文字導演，讓文字上演一場精采的預告片。

感官描繪

首先，我們先來看第一個層次，感官描繪當文字導演，讓文字變立體。以下這段文字，摘自於我的學員 Maro 寫的小說作品《南十字星 1》的開頭段落：

「仲夏。剛降臨的湛藍夜幕，來不及帶走風中的灼熱。

風鈴與蟬鳴都靜默著，釋放懶散感的空氣中。」

看完這段文字，你感受到了什麼呢？首先，夏天的夜晚，看起來是什麼顏色？不是黑漆漆一片，而是湛藍色的，這是「視覺」。風吹來是什麼感覺？夏天的風吹過肌膚帶來灼熱感，這是「觸覺」。風鈴是清脆的聲音，蟬鳴是規律的合唱，但在夜裡，他們的聲音都靜默了，對比白天的熱鬧，夜裡如此安靜，這是「聽覺」。光是以上短短幾行字，就用了「視覺」、「觸覺」與「聽覺」三種感官來描述，讓人留下鮮明的印象。

文案天后李欣頻，去了一趟希臘，回來的時候寫了一本書《希臘，一個把全世界藍色都用光的地方》。如果她寫的是「希臘很藍」，儘管這樣的描述，符合我們對希臘的印象，但感覺起來比較平淡，難以挑起情緒。而「一個把全世界藍色都用光的地方」，腦海中很容易浮現，一位畫家把所有藍色顏料倒進希臘的畫面。

她提醒我們，如果你要讓筆下的文字生動，你必須自己先看到畫面，也就是視覺的描繪。而我認為除了視覺之外，也要盡量去感受其他的感官經驗，可以豐富你的文字內容。

五感寫作

實際進到五感寫作的部分，為了讓你好理解，以下分別用「視、聽、觸、味、嗅」舉例：

視：選用沒有農藥的糯米、深坑黑豬肉、整顆蛋黃、整朵香菇、整顆栗子，竟然還有干貝！這……不是五星級飯店包的粽子才有的內餡嗎？（湖南粽｜巫婆的魔法廚房／跟著巫婆去旅行）

透過具體描述，例如：黑豬肉、蛋黃、香菇、栗子、干貝等，讓你想像剝開粽子可以看到的內餡。

聽：戴上耳機，世界與我無關（BOSE 耳機）

感受到這個耳機的強大，當你聽音樂或聽 Podcast 時，因為耳機的音質好，隔音也好，戴上耳機，就讓你沉靜在聲音的世界，從此與世界無關。

觸：一份 650 克，是很大的份量，但在年夜飯的桌上，一會兒盤子就空了。原來這份醉雞選用「去骨特大溫體土雞腿」，雞肉有彈性，不會一夾就散，難怪家人如此喜歡。（巨

斧紹興凍雞腿｜醉珍品）

透過「彈性」、「不會一夾就散」的觸感，讓你感受雞肉的 Q 彈。

味：口感上，我覺得吃起來的感覺比「北部粽」軟一點，但又比「南部粽」硬一些；口味上，我覺得和平常吃的粽子相比，較為清淡，你可以什麼佐料都不加，品嘗清淡粽香的奢華感，也可以淋上醬油膏或者甜辣醬，甚至撒上花生粉，享受刺激味蕾的親切感！（湖南粽｜巫婆的魔法廚房／跟著巫婆去旅行）

透過南北粽口味濃淡的對比，讓顧客想像粽子的滋味。加入「醬油膏」、「甜不辣」、「花生粉」的佐料，豐富味覺感受。

嗅：獨特的薰苔調，傳遞剛柔並濟、果斷與神祕並存的優雅氣息（萬寶龍傳奇經典淡香水）

除了用「薰苔調」模擬香水的香氣之外，還加了「個性」描述。

＊再看看其他範例

視覺

- 黑色俐落剪裁，高貴時尚
- 白感交集的春天，白無禁忌（誠品）
- 獨家隱形曲線，完美調色超服貼（優若美）

聽覺

- 響我，想我（臺灣大哥大第三屆 myfone 行動創作獎）
- 讓你隨時隨地都能輕鬆聽上一整天的音樂（AirPods）
- 一輛重機在你眼前呼嘯而過，馬達聲從左耳衝到右耳

觸覺

- 車體再進化，喚醒駕馭快感
- Ｊ個熱度，保濕防曬不做母湯吶
- 如洗牙般潔淨光滑感受（歐樂Ｂ電動牙刷）

味覺

- 日本芝麻風味沾醬
- 這就是正港的臺灣味
- 爆漿芝麻球，吃一口就上癮

嗅覺

- 把海梨的濃郁柑橘香氣鎖進海梨酥內（姨婆吉圃園）
- 阿爾卑斯山的清新空氣混合著曠野的青草香氣
- 紫羅蘭聞起來，彷彿是曾經泡過檸檬和天鵝絨再經燒灼的方糖（感官之旅）

五感應用

每個人對於五感的重視程度與反應程度不同，有的人對於視覺特別重視，特別喜歡畫面感的描述，有的人對於觸覺特別重視，特別關注產品質地的描繪。所以你要根據受眾的特性，去調整文字在五感描繪上的篇幅，如果不能確定，那就盡量把五感都寫進去。

產品屬性也會牽涉你在文字上要著重在哪一種感官描繪，以哪種感官判斷商品優劣的，就要著重在哪種感官。

如果是食物類，例如「紅燒獅子頭」，絕對要強調味覺，其次是嗅覺，如果不能讓顧客覺得好吃，以及感受到食物烹煮的香氣，顧客就不可能會購買。

如果是寢具類，例如「記憶床墊」，在文字上就要強調觸覺，其他都是其次，如果不能讓顧客明顯感受到躺在這張床墊上，可以產生他所喜歡的感覺，像是舒適服貼、全身放鬆，那顧客就不會購買。又或者如果是香氛類，例如「線香」，很明顯的，就要強調嗅覺，否則即使外觀設計再好，但沒有仔細描述點燃的香味，顧客也不會買。

雖然前面提到五感要盡量描繪，但當你的文字篇幅有限，就專注在產品屬性所對應的感官描繪，其餘的就省略吧！

＊再看看其他範例

早午餐是你了！

經過大家的「大力推薦」，主餐選定「阜杭豆漿」的飯糰，飲料搭配統一低糖高纖豆漿，副餐選擇一日野菜——農夫十蔬佐凱撒沙拉醬。

總計 120 元，我覺得對我而言，是有省到的，因為昨天叫熊貓外送肯德基套餐，花了 189 元，而且相較之下，也吃得比較健康。既然買了「阜杭豆漿」的飯糰，就來說說我吃起來的感覺吧！

先說結論：我覺得是好吃的！

首先，米粒軟嫩，很好入口，雖然和傳統飯糰略有嚼勁的口感不同，但在選了 20 分鐘，肚子已經在叫時，軟軟的、很好咬，一下子就吞入肚內。搭配細緻的肉鬆，品嚐豬肉香氣之餘，也不會因喉乾而不小心嗆到。油條切成細細長條，不讓酥脆影響了整體的口感，更讓油膩綜合在米飯之中。哇！竟然還有添加了玉子燒（蛋）！蛋香在飯糰中飄散開來，這飯糰讓我一口接著一口，停不下來，直到袋子空了，我還貪心的看看有沒有掉在袋內的食物。

剛剛吃得太快，好像連呼吸都嫌奢侈，抿嘴舔唇還能感受到飯糰的餘味。在樸實的滋味中，我還有點不滿足，因為好吃，吃不夠呀！

如果有讓這個飯糰價值打折的原因，我想大概就是「價格偏高」，45 元，還有「份量適中」（也不會太少），但想到 24 小時都能在 7-11 買到，還有什麼好計較的呢？

這個時代，感官描繪已經是文字力的基本功了，如果缺乏五感寫作的能力，趕快開始練習，現在還不嫌晚。

Chapter 14
情緒：強化文字的情緒連結，讓顧客更有感覺！

「有些內容像煙火，雖然光彩奪目，但即使再美的煙火，每天看也會膩。有些內容像開水，你不見得會想起它，但你渴了一定需要它。而內容駭客創辦人 Vista 老師教你的寫作方法，就屬於後者，讓你可以每天持續寫、快速寫，寫出目標受眾需要的那杯水。」

這段文字是我在描寫 Vista 老師教你的寫作方式，你看完後有什麼感覺呢？如果你對寫作有點興趣，是不是覺得滿有趣的？簡單而言，就是以受眾大腦內的經驗連結文字，讓內容更好懂，也更能連結到內心的感受。

＊再看看其他範例

- 打造超越女神的形象
- 一生一定要喝一次的威士忌特輯

- 戀愛般的感覺，酸甜藏在第一口的瞬間
- 一顆海梨樹的幸福起點（姨婆吉圃園）
- 喚醒你心底的故事魂（走電人電影文化）
- 謝謝你，讓生命多了點甘甜（原萃）
- 別人的是房，自己的才是家（神采飛揚）
- 爸爸臉上的大洞，是孩子心中的痛（陽光基金會）
- 讓愛早療不遲到，守護慢飛成長每一步（臺灣視障協會）
- 大火燒毀我的容貌，燒不毀我重生的勇氣（陽光基金會）

接下來和你分享強化「情緒連結」的三個方法，廣度連結、深度連結與多元連結。以下分別說明：

第一種、廣度連結：先描述＋再比喻

關於「事情」的描述並不困難，但怎麼寫才更有吸引力？最簡單的方法，就是在描述後，再透過「比喻」連結受眾的生活經驗，讓文字看起更有趣、更好懂。你可以用以下公式：

「廣度連結＝先描述＋再比喻」

這個公式最有趣的地方是要怎麼連接「描述」和「比喻」？你並不需要太多的文案寫作，只要在「描述」與「比喻」之間，加上「就像」兩個字，前後的邏輯就順了！

範例如下：

【先描述】

課程中傳授的萬用框架，真的光照抄就有感，練習替換之後，根本覺得我可以去應徵文字小編啦！

【再比喻】

這種感覺就像，尾牙已經中了公司頭獎，最後又中老闆的加碼，驚喜連連連連連。

寫下這篇的是文字溝通力的學員路海柔，她本身是活動主持人，經常接公司尾牙活動，因此她用了自身經驗，還有大家在公司吃尾牙的情境，去連結文字溝通力課程帶給她的驚喜，讓這篇心得變得更吸引人。

＊再看看其他範例

- 沒有肉的火鍋，猶如，沒有附上巧克力的告白信。沒有肉的火鍋，猶如，沒有好好說再見的一場戀愛。（全聯福利社）
- 女生習慣去專櫃挑選保養品，那聽完 Elton 老師的課，就好像買走的是最濃縮、分子最細的精華液（而且還是在周年慶時購入的），每天都信心滿滿的擦上一點，期待用後有效改變（文字力系列學員）
- OH 卡就像是你的朋友，有時候你不用說什麼，看著它，就明白了一切。它也像是最懂你心的人，看著一張張的圖與字，你的心裡就有了答案。它就像是通往內心的讀卡機，帶你一起看見自己與他人的內在世界。（探索潛意識——專業 OH 卡諮詢師培訓｜史庭瑋老師）

第二種、深度連結：先抽象＋再具體

除了描寫事情之外，描寫感受的難度又更高了一點，因為感受比事情更抽象，所以如果只是光描寫，受眾比較難體會，因此可以用具體的事物去比喻，讓感受更深入。你可以用以下公式：

「深度連結＝先抽象＋再具體」

「沒有一段關係重要到讓你失去自己。如果只有一個人在努力，關係就會像失衡的蹺蹺板，一方覺得自己的情緒與觀點最重要，但卻看不見你的。」（吸了水的海綿｜史庭瑋老師）

這段文字的具體化就是「把關係比喻成失衡的蹺蹺板」。當一個人富有同理心，才能感受另一個人的感受，才能寫出有溫度的文字，而我感受到了庭瑋老師的柔軟與溫暖。

＊再看看其他範例

・　如果我教的是播種，讓文字留在讀者心中慢慢發芽，歐陽教的就是灌溉，讓文字栽成豐盛收割的一畝田。深化自己的文字力，播種很重要，灌溉也少不了。

第三種、多元連結：先概念＋再列舉

有時候描述完了事情或感受，能具體連結的不只有一個狀態，這時候就可以用列舉方式，加強廣度或者深度的連結，你可以用以下公式：

「多元連結＝先概念＋再列舉」

範例一：

純素營養成份：植物性蛋白質、鐵質、維生素B群、綠藻萃取物……，健康升級、純素無負擔！

宣稱產品是純素營養成份，實際列舉有哪些，就是多元連結，先概念再列舉的寫法。

範例二：

在網路上，你希望別人看完你的文字後，就能採取行動

嗎？例如：購買你的商品、服務、課程，或者響應你的理念，改變原本的行為。（文字行動力）

「購買你的商品、服務、課程，響應你理念，改變原本行為。」都是對於「看完文字採取行動」概念的列舉。

＊再看看其他範例

你是不是處在生活沒有動力、不積極的狀態……

✗ 每天都很忙，卻忙得不知所措、毫無熱忱，不知為何而戰。

✗ 總是認為「我的人生不該只有這樣，應該過得更美好。」

✗ 常想要取得更多機會、財富、收穫，卻找不到動力在哪裡。

✗ 重要的工作、報告總是拖到最後一刻才動手，每次都熬夜痛苦地趕工，並且發誓下次再也不敢了？

✗ 事情做到一半常常不自覺分心，等到發現時已經在網路、手機、影集、閒聊、遊戲……，消耗掉時間。

✗ 總認為所有條件都要最完美，才願意開始。

✗ 充滿希望開始這一天，打混虛耗一整天。

✗ 總在一事無成後跟自己説：「沒關係，還有明天。」

（啟動積極力｜尋意老師）

最後，和你分享一句話：「**如果你的腦袋裡沒有城堡，手上有再多積木都沒有用。**」腦袋裡的城堡就是你的生活經驗，還有對於文字的想像力，而積木則是這些文字公式。透過情感連結，增加文字的誘因，你得擴充生活經驗，增加接觸的資訊內容，唯有如此，文字才能變成你魔法棒，為你建造想像中的城堡。

Chapter 15

深化：用全腦訴求！邀請顧客進入你的世界！

全腦訴求

所謂「全腦訴求」就是利用受眾內在的「想法、直覺、感官、情感」，邀請他進入你的世界，並且在文字中製造一些「不確定性」，讓受眾自行作出結論。我先定義「全腦訴求」中，受眾內在支柱的「想法、直覺、感官、情感」：

1. **想法**：思考在心靈上的產物，包括對事物的看法，和解決問題的辦法。
2. **直覺**：指不受邏輯約束，直接領悟事物本質的一種思維形式。
3. **感官**：視、聽、觸、味、嗅（五感），留下印象、刺激情緒。
4. **情感**：情緒是反應，但情感是依戀，情感是人們在自己的需要是否得到滿足時的一種內心感受。

全腦公式

了解全腦訴求，知道在文字中置入四大內在支柱後，要怎麼透過在文字中製造一些「不確定性」，讓受眾自行作出結論呢？這很抽象，但我已經幫你設計了一個公式，如下：

全腦公式＝留白＋懸念＋自我暗示

我第一次舉辦「高效讀書會」時，也是我第一次舉辦讀書會，首場 70 人，沒有投放廣告，只在社群平臺上貼文，兩周內額滿。我以其中一篇在臉書上的貼文作為範例，你可以試著體會看看，如下：

如果你希望讓自己的學習更有效益，只能說，世界變化得很快，不要用古老的學習方式，去應付年輕的世界趨勢！

我即將在 9/16（日）這一天下午，和你分享我如何透過「閱讀」學習，成為自己的知識體系，兌現成自身能力。

這場活動叫作「高效讀書會」，但如果只讀 1 本書，那就不叫「高效讀書會」了。所以我將在 3 小時內，帶你吸收 3～5 本書的重點精華，協助你提升學習、生活與工作的績效，找回人生發球權！除了分享知識，還給你使用說明書。

我這輩子還沒開過免費的課程，第一次開公開班，一天的課程就是五千起跳，最快開放報名三天半額滿。去年起連辦十幾場的文字銷售力，是我第一場收費低於千元的講座。

而這一次的讀書會，因為某些個人心願（活動內文有說明），在形式上，你可以當作是場「免費」的講座。

現在，對於這場「高效讀書會」，如果你有興趣，先幫自己報名，再邀請朋友一起參與。如果你願意，請幫我分享這個活動，讓更多有緣的人能參與！

相信在與你同行的學習路上，我們不只能掙脫焦慮，也能讓世界變得更圓滿！

當看完這篇文章，你有什麼感覺呢？套句《天能》導演諾蘭的話：「不要去理解，試著感受它。」關於這篇文章的解析，我在「學到」開設的「鈔級文字力」線上課程中，會有進一步的説明。

＊再看看其他範例

「OH 卡」究竟是什麼呢？在「OH 卡初階班」那一天，藉由庭瑋老師的專業解説、耐心引導，營造讓人安心舒適的氛圍下，每個人都非常投入學習。

因為觸碰到內在小孩，我不時聽到了喜悦的笑聲，卻也看見了悲傷的淚痕。每個人在笑淚之中，最後都在庭瑋老師的引導下，讓所有感覺都化成了感動。連身為旁觀者的我都感受豐沛，一度鼻酸，眼眶泛淚……。

這讓我體會到，原來～「OH 卡」什麼也不是。因為每張牌卡，沒有所謂正確的「定義」，但藉由「OH 卡」引導，可以探索你的潛意識，聽見內在的聲音、遇見真實的自己！

所以，即使「OH 卡」不是占卜卡，卻讓你的未來更加篤定。即使「OH 卡」不是桌遊卡，卻讓你的學習更有感受。

「OH 卡初階班」雖然課程名稱只是初階，但你探索到的內在卻很深層。除此之外，「OH 卡」還有更廣泛的應用，所以「OH 卡進階班」課程——「專業 OH 卡諮詢師培訓／

深度自我探索」，將從自我覺察開始，到與他人深度對話，讓「OH 卡」可使用於任何狀態與場合，陪伴自己與他人有更深入的驚喜發現。

（你所不知道的都在心裡｜ Elton 的字遊人生）

全腦訴求就是讓受眾的大腦經歷多重想像，同時在字裡行間創造未完成的課題，並且留下想像空間，刺激內在情感，讓直覺成為自我暗示的途徑。只要用心寫，就能邀請受眾進入你的世界。

Part 5

如果他對你沒有信心，你寫什麼都沒用！

想賣更多的商品，賺更多的錢，就要讓受眾對你感到有信心，但要怎麼做呢？

之前我在 YouTube 看了一部老高的影片，他在談「錢」是什麼？他認為「錢的本質是信用」，如果你的信用好，就可以向銀行貸比較高的貸款金額，跟朋友借錢也能借到比較高的借款數字，所以信用可以換錢。而你選擇購買哪個商品，跟這個商品在你心中累積的「信用」有關。這就能解釋「為什麼全世界最賺錢的手機是 iPhone ？」因為 iPhone 在全世界擁有最高的「信用」，也就是品牌資產。

老高說當我們知道錢的本質是信用時，「想賺錢就要先賺信用」。所以企業透過網紅直播、明星帶貨，就是借用他們的信用刺激消費。請專家背書、名人代言，都是借用他們的信用，以累積自己商品的信用。當商品的信用在受眾心中累積足夠，就會提高購買機率。反之，如果信用不足，就算商品再好，也可能讓人卻步。

所以，我們要持續累積信用，才能提升受眾的信心。就像有時候我會分享一些美食、電影、書籍或課程，這些文字都有一定影響力。有人看我寫美食就列入待吃清單，有人看我寫電影就馬上跑去看，有人看我寫書籍就去博客來下單，有人看我寫課程就立刻報名。因為我累積了信用，所以大家對我的推薦有信心。

這一篇提出的九個方法，前面八個都是累積信用，最後一個是變賣信用（你看完就知道為什麼了），這些方法都能提升受眾的信心。你想賣更多，想賺更多嗎？趕快讀完這一篇吧！

Chapter 16

感性：從心出發，建立起你與他之間的連結！

連結彼此最好的橋梁——說說你的故事，分享別人的看法，以及運用代言效應，都是累積信用的方法，以增添受眾信心。

初心故事

單純叫賣只能做一次生意，因為你沒有辦法在顧客的心裡扎根。這個時代已經不缺好產品，缺的是做產品的初心。人們更願意相信你的起心動念，而不只是單純買一個產品，課程也是一樣，服務更是如此。不論你賣什麼，你都要想想為什麼你想賣這個商品？為什麼你想教這門課程？為什麼你想提供這個服務？從你內心深處挖掘，你的初心故事到底是什麼？

如果你從來沒想過這個問題，現在你可以好好想想看，你只是為了賺錢嗎？或者你還有其他使命，點燃你的熱情？

我認為最棒的初心故事寫法，就是套用賽門．西奈克的「黃金圈理論」。在銷售前，先問「為什麼？」他舉了兩個例子，都是賣電腦，第一個例子是這樣的：「我們很會做電腦，我們的電腦有最美的設計，不但使用簡單，也容易上手，想要買一臺嗎？」這是大多數企業採用的溝通模式。

第二個範例則是這樣的：「我們所做的每一件事情，都是為了挑戰、改變現況，因為我們相信不同凡響的力量。而我們挑戰現況的方法，就是讓我們的產品擁有最美的設計，而且簡單、好用。剛好，我們做的就是最棒的電腦。」這是類似蘋果使用的溝通模式。

第二種模式和第一種模式相比，是不是聽起來感覺比較舒服？其實兩者最大的差別在於：第一種模式，單刀直入，直接說他們在賣什麼；第二種模式，是先從第一圈的「為什麼」出發，再談第二圈的「如何做」，最後才說「做什麼」。用這樣三層同心圓的順序，是因為只有「為什麼」才能喚起深層情感，召喚共同理念。

受到黃金圈理論的啟發，我在推廣課程前，也會想想為什麼我要做這件事情？舉一個例子，我有一堂課程叫做「開課獲利方程式」，這是一門教人如何開公開班，而且能夠獲利的初階課程。

關於這堂課的黃金圈，我的為什麼是「我認為開課要懂商業知識，否則課程可能會賣不出去。課程也要帶來正向價值，因為教育培訓對學員有影響力，所以是有責任的。只有同時做這兩點，如此才能讓老師獲利、學生受益。」

我的如何做是「讓成功的開課經驗能延續下去，讓有內涵、有專業、有熱血的人，把專業上的觀念、知識或技術，讓更多人知道。」

我的做什麼是「我將分享我的成功經驗，開設一堂『開課獲利方程式』課程。」

接著我才去寫我的行銷文，並把我的初心故事融合在裡頭，內容簡化後大致如下：

我知道很多朋友，明明有內涵、有專業，更有熱血，想透過開課，把專業上的觀念、知識或技術，讓更多人知道，卻不知道該怎麼做到！招生學員小貓兩三隻，收入百元鈔票兩三張……。其實，不是你不專業，而是你不懂商業。

但即使你有心想開課，我也知道這件事並不容易，過去的我，也經歷過挫折、繳了很多學費……。於心不忍之下，所以我決定開一堂課，把我自己開課的獲利模式，還有我上了很多的課程，觀察到的開課祕訣通通分享出來。

「開課獲利方程式」這堂課，等著你，幫你把好的觀念、知識與技術傳達出去，也讓你的專業分享，獲得應有的報酬與尊重，同時開啟並拓展你的斜槓版圖。

後來這堂課獲得很不錯的回響，有很多講師朋友，或者想要開課的人，都揪團報名了這堂課。其中有位克里斯老師，我對他的印象是，他上課時的認真神情，讓你覺得不把這輩子最好的東西倒出來，是你對不起他！他不只上課認真，下了課更認真，因為他上完課總是很快寫心得，確認這門課的精髓他都知道了。

記得克里斯曾用我課堂上教的一個方法，在臉書上發了一篇貼文，結果那篇貼文，竟然創造他在臉書上，有史以來最高的讚數！當多數人還停留在「知道」，他並不自滿，也不質疑，而是先嘗試。結果，他做到了。

那次克里斯參與了進階課程後，在 2019 年自己開了公開班「簡報吸睛術」，2020 年加入了「微糖趣冰」。

回到前面分享的範例，當你看完後可能有個疑問，咦？黃金圈在哪啊？好像沒有完完全全的符合黃金圈「為什麼→做什麼→如何做」的流程。剛好用這個範例說明，黃金圈理論是幫助我們思考內在使命、初心故事，但轉化成文字時，就可以發揮自己的創意，把黃金圈融化在文字中，會讓你的故事更有感召力喔！

＊再看看其他範例

2015 年 4 月，渴望跳脫短期服務的我們，集結在一起，隨後一場地震帶我們深入尼泊爾的震央村落。直到今天，我們持續以「教育種植計畫」為 900 位孩子扭轉教育環境。（遠山呼喚）

我是艾咪，不服輸的小隻女孩，為了理想，30y+ 勇敢裸辭踏入自由職業。擅於將長文變圖卡幫你把書讀薄；擁有

溫暖的筆觸讓文字有溫度；運用牌卡陪你探索內心。漫漫人生讓我陪你慢慢過。（艾咪老師）

一個熱衷於「探索幸福」的女孩，為了更瞭解快樂、幸福感的來源，不斷閱讀該領域代表著作，並且樂於實踐。經由超過 500 多天的實際練習，體驗了確實能主宰幸福感的每日習慣。想邀請更多人一起締造自己的幸福，而設計了這本「幸福觀察日誌」。（幸福觀察日誌）

很多人對幼兒園的第一印象是，排排坐吃果果，有朋友說幼教老師就是教育界的爽缺，但很少有人知道，幼兒園其實是教育界的海軍陸戰隊啊！幼兒園的日子每天在槍林彈雨中求生存。（教育界的海軍陸戰隊）

鄉下洗衣老職人＋客人遺棄沒付錢的衣服
孫子不忍心看阿公阿嬤每天無聊發呆
衣服就算放了 10 年，還是可以很時尚
萬吉秀娥就算 84 歲，還是可以 as young

溫馨提醒｜洗衣服請記得拿｜

（萬秀的洗衣店｜ WANT SHOW as young）

記得在前幾年，我剛創業又懷孕時，每件事情都變得很重要，焦頭爛額的人生，讓我頓時失去了重心，也失去了過往的神采自信……我甚至忘記我上次走進 spa 館的日子，忘記我上次挑選漂亮衣服的那天，忘記我打扮好看著鏡中的自己微笑的瞬間。

某天我站在人來人往的街道中，看見一位女人長髮飛揚，穿著合身套裝，踩著輕盈高跟鞋，渾身散發魅力的自信。反觀自己的黯淡，我想我是不是該好好正視自己？如果我有好面容，先生是否會變得更溫柔？如果我有好狀態，生活是否變得更加值得期待？如果我有好心態，工作是否變得更有幹勁？

這幾個問題，在我生命中很快就有了答案。

Vivi 是護理出身，因為喜歡造型而創業。Vivi 希望彩妝不單是技術層面，而是運用彩妝與心理學，與生活做連結。透過彩妝造型，認識自己、生命和建立柔韌的身心，讓每個人隨手運用正確彩妝造型觀念，讓女人在工作、事業、生活、家庭、親子、婚姻生活中努力，找到最好的平衡，展現最棒的自己。

女人真正的美，不是年輕時的張揚恣意，而是在用力生活過後，沉澱出的溫柔與淡然。要美麗且勇敢，期許自己做一個溫柔有主見的女人，有夢想也請溫柔的堅持，用初心去定義自己的人生。（Vivi Chen Stylist／新娘祕書／整體造型）

心得見證

心得見證就是當顧客使用過你的產品、上過你的課程、體驗過你的服務之後，寫下的正面感想，有公開推薦的效果。顧客的心得見證可以讓其他潛在顧客有共鳴，增加信任感。最適合放心得見證的地方就是在銷售頁上，挑選心得見證有八個原則：

#一、真實的感想

可以美化，但不要造假。因為真實才能打動人。造假就是欺騙，就算幫助了銷售，也十分不道德。所以心得可以美化，但千萬不要造假。

#二、內容要有共鳴

內容要能讓潛在受眾感到共鳴，見證人的身份、工作和個性最好和潛在顧客相似。例如：潛在顧客是上班族，見證人如果也是上班族會比工程師更好。換句話說，如果潛在顧客的職業別有很大不同，最好各種職業的見證人都有。

#三、真實的個人資訊

最好能提供身分與真實姓名，如果能提供照片更好，真實姓名能增加可信度。如果沒有辦法顯示全名，至少能姓氏加上性別，例如：蔡小姐、張先生，或者姓氏加上職稱，例如：王經理、陳主任。

#四、挑選不同的感想

不要只挑選一樣的寫法，要挑選多樣化的心得，因為心得見證是給其他潛在顧客看的，所以要挑選不同的內容、不同的口吻、不同的觀點，這樣也能刺激閱讀，讓人想一直讀下去。

#五、維持平衡感

關於浮誇的心得，例如：「沒上過這堂課，你根本糟蹋了人生！」你可以挑選寫的很浮誇的心得，但不要挑太多。大家都喜歡看自己或自己的東西被稱讚，所以常常會發生一種狀況，顧客寫得越浮誇，你讀得越開心。這種感覺能理解，但提醒你，千萬不要忘記，心得見證不是只給你一個人看的，是要給潛在顧客看的。即使浮誇得心得會有人埋單，但也不要全部只挑選浮誇的心得，維持挑選心得的平衡感是很重要的。

#六、擷取重點就夠

顧客給你的心得不需要全部都放上去，挑選重要的篇幅就可以。顧客不是文案寫手，也不是暢銷作家，他寫的心得見證不一定很完美。有時候邏輯不夠嚴謹，有時候語句不夠順暢，有時候重點只有一、兩句話，所以你不必照單全收，挑選有用的部分就可以。如果你想要忠於原味，可以用截圖的方式，再把重點部分畫線，就可以真實呈現又讓重點跳出來了。

#七、下個好標題

如果引用較長的篇幅，請下個標題，濃縮重點，或者直接挑選最有感的一句話當作標題，不然重點會跳不出來，閱讀時很可能就快速滑過去了。

#八、比較使用前後差異

可以寫使用前與使用後的差異，例如：「上這堂課之前，寫文案都被老闆罵，上完這堂課後，老闆還在會議上表揚！」再舉個醉珍品的例子：「我家在市場賣獅子頭，本來只想在網路上加減賣，上完課我開始找中央廚房。」不過，在撰寫效果時，請留意相關法規是否有特殊限制。特別是美妝、保健產業。

以下列舉「文字影響力」課程的部分學員心得標題：

- 是一門很過癮的好課，幸好，早學早知道！（A+NLP 創始人／NLP 訓練師／高級催眠師尋意老師）
- 讓文字更有邏輯與深度（心起點創辦人／關係療癒師史庭瑋 Mia 老師）
- Elton 不教文案，他教的是溝通（輕小說創作者 Maro）
- 牛人自帶風水，文字自帶力量（知識圖卡設計師艾咪）
- 沒有上過課，只能模仿 Elton 的形，永遠學不到 Elton 的心（整復專家林旭堯師傅）

＊再看看其他範例

- 因為用心，所以留下許多好評。
- 等了好久，期待已久的商品終於進貨了。
- 用心去做，就會有回饋，感謝眾多網友好評！（橙姑娘｜會說話的梅精）
- 我錯了！本來只想嘗嘗味道，一口咬下就是停不下來的節奏。

- 我拿起小提琴，他們還在笑；當我開始演奏，他們的下巴都掉下來⋯⋯。
- 終於上到到這門課，期待很久，效果超乎預期。點子大爆發是因為老師教得好，同學學習氣氛好。（學員小玉｜文字行動力）

代言效應

不久前我看到謝文憲憲哥竟然代言一款保健食品，憲哥是一位鐵人，體能非常好，而且又是年收千萬的職業講師，雖然之前就知道這個品牌，也看過各式各樣的代言人，但就是沒有衝動購買的感覺。這次突然看到憲哥出現在臉書廣告上，讓我突然好想購買。是因為文案寫得好嗎？還是照片拍得好？或是產品力夠好？你覺得答案是什麼呢？

以上皆非，真正的答案是，因為這款保健食品是由憲哥代言。憲哥是業界標竿，為自己創造了全世界最好的工作，身為講師的我，對於憲哥的一切都非常佩服，包含他演講渲染力十足，一年寫一本書，更是年收千萬的職業講師。

身為講師的我，對於憲哥的成就，不只是佩服，而是默默地希望我也能跟憲哥一樣。所以當憲哥代言了這款保健食品，就讓我內心深處的小宇宙爆炸，感覺好像吃了這款保健食品，就能變成像憲哥一樣的鐵人，做到和憲哥一樣的成就！

之前看過其他代言的明星，不是不好，我也都很喜歡他們，但對於他們的生活共鳴少一些，對於他們的成就，憧憬也少一些。可是看到憲哥，直接讓慾望燃到最高點。

這就是所謂的「代言效應」，找一些讓顧客有身份聯想的「明星、網紅、模特兒」，作為品牌代言人，可以加深印象之外，因為對於代言人生活的憧憬，或是呈現的美好意象，所以能激發購買慾望。

有時候就算你不認識圖片上的人，光是照片呈現的氛圍，就會讓你更想購買。例如：站在跑車旁的人永遠是美女，因為讓想開跑車的人聯想到載美女兜風。

所以，如果能找對「明星、網紅、模特兒」就能激發購買衝動。

就算你沒辦法找代言人，也沒有漂亮的模特兒，但如果你能在文字中，描繪出彷彿有一個人正過著潛在顧客想要的生活，也能激發他購買的衝動。如果是商品，也可以將創辦人當成代言範本，讓顧客想像如果購買了商品，就可能和創辦人一樣過著有夢想生活。如果是課程，也可以將講師當成代言範本，讓學員聯想如果上了這門課程，可能和像講師一樣過著富足的生活。

不過你可能會想，憲哥比較像是名人，而不是「明星、網紅、模特兒」吧？憲哥確實是名人，但自媒體時代，他也像個網紅、明星一樣，經常曝光。不過，講到名人，下一小節就要談談「引用權威」

Chapter 17

理性：凡事說「真」的，不要搞一些操弄的小伎倆！

透過用理性說服受眾：引用權威、提出數據、示範效果。

引用權威

在 1963 年，耶魯大學心理學家米爾格倫有一項著名的電擊實驗，實驗內容是找來一名權威人士，命令受試者以電擊懲罰另一個房間裡的人。米格爾在實驗前，找了 39 位精神科醫師預測，他們的預測結果是，1000 人中最多只會有一個，相信人類的良善。但沒想到實驗結果是，竟然有高達 63%的人，不管另一個房間中受害者的慘叫聲，從最輕的電擊，一路按到了 450 伏特的最強電擊。證明人的行為將受到權威人士的重大影響。

好在那另一群房間的人都是演員，他們並沒有真的受到傷害，不然可能大部分的人都因此喪命。

根據國外的研究，演員光是穿著「白袍」演出醫師形象，就會影響顧客的消費行為。因此，想提升顧客的信任感，「引用權威」可說是一條捷徑。

引用權威有五大類型：**名人**、**專家**、**意見領袖**、**新聞媒體**、**公正單位**，以下分別說明：

名人

光是有名氣這件事情，就足以讓人相信他說的話，即便他不是專家，所以借用名人光環的好處是，可以藉此擴大潛在受眾。例如：劉軒雖然是心理學專家，但他過去募資一款藍光眼鏡，借用本身名氣光環，在臺灣募資金額破千萬。

專家

如果是該領域的專家，只要形象良好，就能提升信任感，在該領域可以影響許多人，所以通常專家也就是該領域的意見領袖。例如：在企業講師界，王永福福哥是意見領袖之一。在遊戲教學界，楊田林老師是意見領袖之一，而且他是老師的老師，極具分量。

#意見領袖

所謂的意見領袖就是在該群體中受到重視，發言具有一定份量，影響很多人的想法、決策和行動。除了上述提到專家也是該領域的意見領袖之外，再舉其他例子，像是館長就是一個很強大的意見領袖，雖然他的言論經常惹爭議，但不管他賣什麼都賣翻天，因為館長有一群追隨的鐵粉。

#新聞媒體

即使現在電視越來越少人看，但如果曾有新聞報導或者曾上過某電視節目，還是能夠讓人信任感提升，特別是針對年齡層較高的受眾。即使素材看起來就是置入性行銷，還是有一定威力，至少受眾可能會覺得，這麼有錢可以上這些節目，讓新聞來報導，應該財力雄厚，不會是太小的品牌。

#公正單位

最後是第三方公正單位，第一種、你的商品有檢測單位的背書，例如：你的食品有 Halal 清真認證。第二種、你的專業認證機構頒發的證書，例如，我有美國 AL 加速式學習的認證。第三種，參加比賽的得獎獎項，例如：我的一位學員 Sunny 王敏華老師，在 2019 年時，她靠著優異的糖霜藝術作品，奪得 Cake International Awards 2019 二金一銅的殊榮，這個獎項等同於英國蛋糕界的奧斯卡。當時她還在臉書上同步分享比賽進度，讓我們一起見證此刻榮耀。同年 Sunny 也在 Yotta 以糖藝為主題，線上課程募資成功，真是恭喜她。

✽再看看其他範例

- 德志經典 百年工藝（Skoda）
- 榮獲德國 iF 工業設計大獎
- ECOCERT 歐盟有機認證——天然化妝品有機認證
- 國際日用香料香精協會——天然清潔產品認證
- 產品均通過國家級 SGS 檢驗合格，吃的安全，我們幫您做第一線把關（橙姑娘）
- 世界名人認證的頂級健身俱樂部

- 普立茲獎評審親傳的寫作課（傑克・哈特｜《說故事的技藝》）
- FIRE 代表人物楊應超審定推薦（葛蘭・薩巴帝爾｜財務自由）
- 美國人才發展協會 ATD 行動學習證書課程大中華區唯一認證講師（瓦利學習）
- 華佗五禽戲養生法（李坤城醫師）
- 日本 JSA 烘焙協會臺灣本部講師：王敏華 Sunny 老師
- 《當時小明月》：林榮三散文獎得主林佳樺第一本散文集（有鹿）
- 2013 年 SUPER 教師全國首獎／2014 年親子天下百大創意教師／2017 年未來教育臺灣 100 獲獎（曾明騰老師）

提出數據

「我們投入研發治療禿頭的資金，比研究防治瘧疾的還多。」比爾・蓋茲在一場 TED 的演講中如是說，展示對抗瘧疾缺乏資金的程度。展示數據會有效，是因為有實際證明，而且人都有從眾心理，從眾代表著降低做錯決定的風險。

展示數據可分成五種：**排名數**、**推薦量**、**用戶數**、**銷售額**、**百分比**，以下分別說明：

排名數

宣告排名順序，所以排名越前面越好，例如：「爆款熱銷第一名」，這麼多人搶購，應該很不錯！

推薦量

推薦者的數量，只要不是假帳號，當然越多越好，例如：「百大部落客推薦」，有一百個部落客都推薦這款保養品，看起來應該值得信賴吧？

用戶數

曾參與過的用戶數量，數量越多信任感越深，例如：「心起點創辦人史庭瑋老師諮詢數超過 10000 人次」，有這麼多人都向史庭瑋老師諮詢，找她應該就對了！

#銷售額

開店一個月就有近 3000 人喝過的奶茶，這麼多人都喝過，好像不錯，下次經過買一杯試試看。或者一年熱銷 500 萬套，如果你的累積銷售額很高，不妨展示出來，因為這是一個強而有力的數據。

#百分比

百分比要看數字代表什麼意思，如果是滿意度當然是越高越好。所以滿意度 99.9%，就會覺得值得信賴，因為大家都很滿意，剩下 0.1%不滿意的應該是奧客吧？但如果是退貨率的話，當然越低越好，所以如果退貨率只有 1%，會覺得其他顧客也都做對了決定，因此增加購買慾望。

再來，有時候只提供冰冷冷的數據，會比較沒有感覺，這時候就可以用「數字＋類比」。前面一句用具體數字、強化賣點，後面一句用熟悉事物、類比說明，讓文字更好理解，更有說服力道。

例如：「只有 250 克，那有多重呢？原來等於一顆蘋果的重量。」「一天不到 50 元，這樣算少嗎？原來每天只要一杯手搖飲料的零錢。」「這本書熱銷百萬冊，這樣算賣很好嗎？原來幾乎等於全臺灣會買書的人都買了一本。」所以只要善用「數字＋類比」，就能讓數據因為更好理解，而加深了信任感。

＊再看看其他範例

- 熱賣！單日銷量突破千本
- 第一領導品牌，回購率 XX%的 XXX
- 耗時十年研發，專利孅窈配方（橙姑娘｜肽孅然）
- 《一分鐘驚艷簡報術》（劉滄碩｜布克文化）
- 24hrs 麥當勞現做親送（麥當勞）
- 超過 75 萬字寫作＆作家經營教學（小說界的李洛克）
- 全在 100X60 公分的桌子裡，超省空間（Patya 鐵打仔）
- 360 度翻轉，恣意轉換四種使用模式（HP 皇爵翻

轉筆電）

示範效果

有一家植髮業者找了一位網紅代言，該網紅本來髮際線較高，所以從來不把額頭露出來，但經過植髮之後，他的髮際線變低了，也變得更濃密。照片中還有植髮前和植髮後的差別，就算露額頭也沒什麼大不了，這就是透過示範效果，增加顧客的信心。

示範效果分成**實際測試**、**教學內容**、**嶄新觀點**，以下分別說明：

實際測試

勞斯萊斯有一個新車廣告，文案是這樣寫的「這輛新款勞斯萊斯時速達到 96 公里時，車內最大的噪音來自電子鐘。」時速近百，照理講多少會聽到一些噪音，例如車內的引擎聲、車外的嘈雜聲，但你坐在這輛車內，竟然只聽的到電子鐘的聲音？真是非常令人驚訝。這句廣告文案後來成為傳世經典，而寫下這句廣告文案的人，就是美國廣告大師奧格威。

實際測試就是直接把商品拿來測試，看看他的賣點是不是真的，例如：有機能衣號稱能防潑水，所以除了真的拿水潑做實驗，還可以這樣寫「通過防潑水最高等級測試，延後濕潤。」或者某款手機的賣點是防摔，除了直接把手機往地上狠狠摔之外，也可以這樣寫「軍用等級強度防摔」。實際測試通常以影片或圖片為主，文字為輔，用來標記重點、強化賣點，如果商品的賣點無法直接測試，可以用物理化學實驗來輔助佐證。

教學內容

如果是課程、服務，可以展示教學內容，讓受眾體驗你的課程價值。不過如果你要這麼做，要嘛挑選課程內容中最精華的心法，要嘛挑選可以簡單上手的技法，因為這麼做才能讓人對你的教學有感，覺得值得報名或者購買你的課程。

另外，除非你的受眾是初學者，否則不要寫一些大家都知道的內容，因為這樣等於讓受眾沒有體驗到課程內容的好。教學內容字數太多，怕受眾看不下去，也可以用影片教學，讓受眾更容易吸收理解。

就算不是課程、服務或者商品，如果能分享專業知識，也等於教育受眾，讓他們感受到你們的專業。例如：前面提到的植髮業者，也會告訴受眾，植髮是取頭的後枕部毛囊，移至禿髮區，同時因為頭的後枕部毛囊跟其他部分的毛囊是由不同的胚層發育出來的，所以不會受到雄性素影響而掉髮。這也是教學內容，都能增加受眾對你的信心。

＊再看看其他範例

好的課程銷售頁＝「銷售文案」的框架＋「品牌思維」的融入＋「情感連結」的投射。

用這樣的方式撰寫，就能讓你的課程銷售頁更有威力，跳脫招生的瓶頸，減少心頭的壓力。

 # 嶄新觀點

除了教學內容，還有另一種提出一個嶄新觀點，讓受眾有所啟發，因此對你的商品、課程或服務感到興趣。例如：我有一堂課程叫做「文字溝通力」，在課程介紹中，我提出一個嶄新觀點，就是我認為在過去長期大量使用文字的經驗中，我領悟到「文案、寫作、訊息」原來不是三件事情，而是一件事情，也就是如何透過文字達成我們要的溝通目的。

這就是迥異於其他關於文案、寫作類型的課程的觀點，因為受眾有所啟發，對於這堂課有了期待、信心，明白這堂課跟其他課程有所區隔，所以提升報名課程的意願。通常相較於教學內容，嶄新觀點的字數比較少，不過這就更考驗你的文字力了！

＊再看看其他範例

- 進化科技 定義未來（Audi）
- 美的蒸氣洗：一臺會自己洗的油煙機
- 魅力動簡報：動起來的簡報更吸睛（簡報動畫師曾國倫）
- 你需要的不是求生存，而是求生活（故事青旅 storyinthehostel）
- 99%的創作者都誤會了！其實，你需要的不是寫作力，而是文字行動力（雪波愛分享）

Chapter 18

承諾：讓顧客喜歡你、相信你，大聲說出我願意！

為何女人會與男人結婚？因為承諾。為什麼顧客會跟你買東西？也是因為承諾。承諾代表你的誠意，代表你對他的重視，還有代表風險的轉移。以下分別說明：

風險逆轉

風險逆轉就是轉嫁顧客購買風險的承諾。所有人在付錢時，都會擔心買到的不是自己想要的，做錯了決定，感覺自己很笨，浪費了時機和金錢，因此做購買決策時，都承擔著大小不一的風險，通常價格越高，顧客感覺承擔的風險越高，做決策時也會想更多。

所以如果能提供某些實質性的保證，轉嫁顧客的購買決策風險，讓就能提升顧客信心，同時也能提供多一個理由，讓顧客合理化購買行為，例如：「林醫師的絕美 3D 齒雕，提供百分之百滿意保證，一年之內，如果你不滿意成果，我保證幫你做到滿意為止，而且不再多收任何費用。」

以上其實不是虛擬範例，是我真實遇到的牙醫師提出的承諾，當初我有一顆牙齒需要做 3D 齒雕，但費用並不便宜，他保證一年內有問題，我都幫你搞定。因為他的強大自信心，後來我沒有找第二位醫師，直接找他做了 3D 齒雕。

風險逆轉的五個方式

以下是不同的「風險逆轉」方式，如下：

滿意保證

就是當顧客購買後，不論任何理由，如果覺得不想要，都無條件退款，把顧客當初支付的金額全數返還，換句話說，扣除成本後，你的訂單可能會因此賠錢。無條件保證很少用在一般的消費品上，因為成本太高，較常見於課程。

不過只建議用在實體課程，比較不建議用在線上課程，因為如果遇到有心人士，他看完學完，甚至想辦法錄下來之後，他就申請退款，對於知識提供者是很大的傷害。比較建議使用的是實體課程，至少他來到現場，親自參與課程，有了互動之後，如果課程內容真的很好，他就不會要求退款，遇到有心人士的機會也比較低。

#贈品保證

也就是當顧客購買後，覺得這不是他想要的，可以申請退貨，你把錢退給顧客，但當初提供的所有贈品，他通通可以保留下來。如果你打算作贈品保證，建議提供虛擬的贈品比較好，例如：電子書、簡報檔、線上課程，因為這些贈品，相較之下成本較低，如果有人申請退貨，你在贈品上支付的成本也不會那麼高。所以，通常贈品保證會出現在線上課程。

#成效保證

保證能帶來特定的成果，如果成效不如預期，則退費或者提供補償方案。例如：親愛的顧客，如果你按照我們的運動方法、飲食模式，三個月後體態沒有任何改變，那我們也不敢收你的錢。

#條件保證

在某些條件下，提供退費保證。例如：如果你上完第一天的課感到不滿意，我把四天的報名費全部退還給你，不會扣餐費、講義費、手續費，將在三個工作天之內，把款項匯到你的指定戶頭。換句話說，你沒有任何損失，除了浪費一天的時間。

#終身保證

就是顧客終其一身，都能享受同樣的保證，例如：創建的隨身碟享終身保固。

風險逆轉的十個重點：

美國文案專家雷．艾德華認為，撰寫風險逆轉有十個重點，以下我在講解時會加上個人意見與註解：

1. 用「無條件退款保證」作為段落開頭，同時風險逆轉方案應該是在網頁上獨立的區塊，而不是輕描淡淡寫帶過，確保能吸引注意力。

2. 在退費保證中強調購買商品帶來的改變，讓顧客想像未來的美好，而不是糾結做錯決定的風險。
3. 在退費保證中重述商品的獨特賣點，再次堅定顧客的信心。
4. 將退費保證包裝成個人化的承諾，如果是商品，提供承諾的可以是創辦人，如果是課程，提供承諾的最好是講師，甚至可以用手寫的字體，或者秀出親筆簽名，增加個人化的感覺。
5. 退費保證期限越長越好，如果把時間拉長，顧客就會沒有時間的壓力。像之前買線上課程，提供 30 天滿意保證，結果我一個月內都沒上去看，壓根忘了這件事情。
6. 向顧客展示並承諾退費簡單，不要讓顧客覺得你的保證處處是陷阱，退費簡單才能贏得信任，也能展現你的自信心。
7. 強調你會無條件退費，沒有附加條件，關於這點，請自行斟酌。我個人也比較少完全的無條件退款，通常是有條件的，因為華人世界貪小便宜、鑽漏洞的人還是比西方世界多。

8. 向顧客強調退款速度很快，不要讓顧客覺得你收錢很快，退錢很慢，所以我的退款保證都是三個工作天內完成。

9. 瘋狂加碼保證內容，超越顧客期待，例如：退款後能保留贈品，或者是雙倍退款。關於雙倍退款，我曾經想採用，但為了避免有人用這個退款保證來賺錢，後來還是作罷。

10. 幫你的退費保證取個名字。美國廣告文案傳奇人物人喬瑟夫·休格曼，他曾經用文字加上簡單的照片就賣掉一臺飛機。他曾幫一間名為「消費英雄」的公司推廣會員服務，在一篇廣告文案寫到：「若您從未訂購任何商品，兩年的會員就到期了怎麼辦？沒問題，只要將會員卡寄給我們，我們會將五塊美元連本帶利退還給你。」不只退款，還連本帶利，他想要傳達給顧客的訊息是這樣的：「我堅信你會購買，為了證明這項會員服務很棒，我要提供個超出你預期的服務給你。」厲害吧？

不過你提供給顧客的所有保證，一定要做到，而不是說說而已。之前我說 3D 齒雕提供一年內滿意保證的那位醫師，在我做完牙齒半年後，就離開了那間牙醫診所，還好他當初做的不錯，但總覺得哪裡怪怪的。

隱私聲明

隱私聲明使用時機有兩種，第一種是當顧客對於該網站感到陌生或者不信任時，第二種是當顧客對於購買該商品會有隱私疑慮時，以上兩種狀況都可以透過隱私聲明，讓受顧客感到安心。

當顧客對於該網站感到陌生或者不信任時

首先，當顧客對於該網站感到陌生或者不信任時，不論他要購買還是留資料，都會感到猶豫。如果不能解決他的疑慮，就會減低顧客購買的動機，所以在網頁上，提供基本的隱私聲明，例如：「堅決保護你的隱私」，或者「請放心，您在這裡填寫的資料，都受到嚴密保護」。

除了以上基本的隱私聲明之外，還會有超連結引導到獨立的隱私聲明頁，例如：「為了支持個人資料的保護，以維護線上隱私權，XXX 有限公司謹以下列聲明，對外説明本網站在線上收集使用者個人資料的方式、範圍、利用方法、以及查詢或更正的方式等事項。若您對此隱私權聲明，或與個人資料有關之相關事項有任何疑問，歡迎您聯絡本站。」

除了購買商品，還有一種情況是出現在訂閱表單或者名單蒐集頁，因為顧客留下 E-mail 來獲取資訊，就算是免費訂閱，顧客還是會擔心 E-mail 被濫用，所以你可以提出不會濫用個資的保證，以強化信心。

例如：捍衛你的隱私、我跟你一樣痛恨垃圾信件、我只會寄有用的資訊給你、你可以隨時退訂。早期隱私聲明只會寫一兩句，但現在隨著大家對個資的重視，還有一些過度的行銷方式，隱私聲明越寫越多，就是為了讓顧客對你有信心，他才能放心。

#當顧客對於購買該商品會有隱私疑慮時

第二種，當顧客對於購買該商品會有隱私疑慮時，例如當你到屈臣氏買衛生棉的時候，店員會問你需不需要紙袋，就是保護你的隱私。體貼你因為買了衛生棉，被別人看見而感到的尷尬情緒，這樣的服務，不只幫到了女性，也大大造福了男性。

因為當男性幫女性買衛生棉時，這樣尷尬的情緒更是到了最高點，有了紙袋，當男性離開屈臣氏時，就不會感到不好意思了。不過，衛生棉還是自己買比較好啦！就像女性如果去幫男性買保險套一樣會尷尬，不然就在網路上買就好。

顧客在買某些商品時，會希望不要讓別人知道，最好全世界只有自己知道就好。典型的例子像是「情趣用品」或者「壯陽產品」，不管該品牌有多大、銷量有多好，多數人都不希望產品送到家裡時被任何人發現。

所以，如果你賣的是讓顧客購買後會有隱私疑慮的商品，就要加強隱私聲明。聲明的範圍就不只是「堅決保護你的隱私」而已，要擴及產品包裝並詳加說明，例如：用紙箱寄送，並在外層用黑色塑膠袋包裝，配送單上只寫收件人基本資料，不寫任何商品資訊。

如果你能發現顧客心底說不出的需求，及時化解他的疑慮，保護他的隱私，如此貼心的舉動，一定可以為你帶來更多訂單。

個人承諾

那天早上我還沒起床，手機傳來叮叮咚咚的通知聲，睜開眼睛一看，原來是連續的 E-mail 的訂單通知。一開始我搞不清楚怎麼回事，後來才知道原來是有位曾培祐老師，他在臉書寫了一篇文章，推薦我的「鈔級文字力」線上課程。我起床仔細一看，哇！這篇不得了，培祐老師用了一個很關鍵的寫法，讓這篇文章的連結點擊持續上升。

他怎麼寫呢？他在文章的中間提到「我上了Elton的課，要說對課程的評價，只有五個字：『實用性超高』，在結尾處又說了「我把這堂課推薦給你，如果你的工作需要文字的力量，Elton 的鈔級文字力，你一定要把握。」

這有什麼奧妙在裡頭嗎？看起來就是一連串平凡的文字，也沒有厲害的修辭技巧，那到底關鍵在哪裡呢？答案就是他出了寫出強力的「個人承諾」！這是以個人信譽擔保做出的背書，所以會強化受眾的信心，甚至讓受眾行動爆炸。

再舉個例子，之前我在臉書上，幫某位老師的課程寫推薦文，通常臉書的貼文，按讚數一定比連結點擊數高，但那次卻創造了連結點擊數大於按讚，點擊數大約是按讚數的2.5倍，算是成效卓越一篇個人貼文。

那篇貼文固然有很多可以分析，但最關鍵的，也就是結尾那幾句：「我很少保證什麼，因為這是押上了我的信譽。報名了這門課，我保證你不虛此行！」這裡一樣使用了強力的「個人承諾」。

使用個人化的強力承諾就一定有效嗎？答案是不一定，因為個人承諾是有條件的。首先，良好信譽，你必須有符合大眾社會觀感的良好信譽，同時足以影響一小群人，因為知名度決定影響力。

第二，偶爾使用，你不能每次都賭上個人信譽，就像一天到晚梭哈的人，告訴你「這個一定要買啦！」「這個東西我保證超好！」，除非你跟他交情很好，否則你根本不會甩他。

第三，產品一定要夠好，否則顧客因為信任你而購買，最後卻覺得被騙了，你不是失去了這次的生意，還會名譽掃地。從以上三點就可以得知，個人承諾就是變賣你的信用，請謹慎使用。

再來，通常推銷別人的東西，比推銷自己的好。因為推銷自己的東西，拿捏不好，大家的感覺會是老王賣瓜，自賣自誇。但只要符合前述三個條件，良好信譽、偶爾使用、產品夠好，一樣可以。顧客會因為你的強大自信心，而選擇相信你。

除了霸氣十足的個人承諾，也可以用誠懇的態度，做出個人化的強力承諾，讓這份保證更柔軟，更能走入人心。例如：「我不是什麼五星級主廚，也不是什麼料理職人，我包這顆粽子，只是為了做出記憶中外婆的味道，只是為了做出連我的小孩也愛吃的粽子。請嚐嚐這顆粽子，我保證它將會是你這輩子最感動的味道。」感覺怎麼樣呢？你是不是更喜歡這種軟性的寫法？霸氣十足，可以增添信心，但態度誠懇，才能走進人心。

＊再看看其他範例

離夢想最近的時刻

這不是一本手帳，是一場夢想的啟航。365 天的陪伴，把你內在的旅程寫下來，夢想才值得誇耀。還有專為鋼筆精心打造的筆記本，記錄你的所見、所聞、所感。靈感可能在走路時、可能在閱讀時、可能在睡醒時突然冒出來，如果你不把它抓下來，很快它就會飛去別的地方。

你可以買個三、五本，一本放在你的包包、一本放在你的書桌、一本放在你的枕邊，抓住稍縱即逝的靈感，未來你會感謝自己。其實，有質感的設計，就是靈感的來源之一。

這一次，寫下夢想，也要抓住靈感。

而且你不知道的是，當你拿到手帳與筆記本之後，還會有什麼樣的驚喜？就像我當初也不知道竟然可以憑筆記本免費參加活動一樣。至於什麼活動我保密，只能說「微亮計畫」的活動，這輩子沒參加過一次，白活了。

這是你離夢想最近的時刻，募資今晚截止，手滑還來得及。

我已經買了。你呢？

以前的我看電影，並不是為了享受劇情，電影故事的好壞也不是我喜好的重點，對我而言，看電影彷彿是透過螢幕和故事中的角色對話，還有和自己對話。這是一種很私密的感受，至今我仍然喜歡這種體驗。

但在上過東默農的【原子編劇課】之後，我發現更能欣賞電影了。因為我更知道為什麼電影要這樣拍？因為我更知道電影編劇的厲害在哪？

這就像是當你越懂咖啡，懂咖啡豆的產地、烘焙方式、沖泡方法，你就越能品嚐出一杯咖啡的好壞，香氣能品論，苦澀亦能品味。就像是當你越懂畫，懂畫的歷史，懂畫的作者，懂畫的技術，你就越能體會眼前這幅畫的奧妙在哪裡，還有背後的意義在哪裡，對於畫的評價再也不是單純映入眼簾時主觀的美醜而已。

參與【原子編劇課】，讓你看電影再也不會只會說：這部電影很好看，這部電影很難看，這部電影很好哭，這部電影很難笑。而是能說出這部電好在哪裡壞在哪裡，導演的巧思在哪裡，編劇的用心在哪裡。同樣看一部電影，膚淺與深度就在一線之隔。

九月份的【原子編劇課】，東默農老師為你準備了十二堂課，其中兩堂課將會分析兩部經典電影《無間道》與《駭客任務》。你可能覺得這兩部電影很好看，但你想知道專家怎麼看這兩部電影嗎？看懂門道就趁這次。

每個月的課程內容都不同，八月分我已經上過，九月份我繼續報名了，現在等你一起當同學。

最後，「理性邏輯＋感性情緒＋信譽背書」等於最強的說服，當你累積了足夠的信用，就能讓顧客的信心爆炸。但有了信心之後，要如何讓顧客實際採取行動呢？

Part 6

寫了那麼多，
如何才能讓顧客真的採取行動？

如果想讓你的文字好賣，在結尾處最基本但也最重要的就是「呼籲行動」了。最基本的寫法像是：「立刻購買、搶先預定、了解更多」這類型清楚指引行動的短句。

然而我觀察到兩個有趣的現象，很多人會忽略了呼籲行動，可能覺得平常就不好意思推銷，或者覺得這樣會破壞了文字的美感。但有些人呢，好像只會寫呼籲行動，而沒有其他鋪陳、缺乏讓人行動的理由。不論是哪一種狀況都不好。

如果你擔心會破壞文字美感，那就寫的委婉一點就好，因為結尾的呼籲行動要怎麼寫，也要考量和前面文字的風格是否一致。如果前面文字寫得很文青，最後卻加上「火速行動」，當然會破壞美感。這就像去聽一場陶笛音樂會，整場浸淫在溫暖陶笛聲演奏出悠揚樂章，謝幕時，主持人卻突然跳出來大喊：「來來來～今天現場就有賣陶笛演奏 CD，想要的人現在就來臺前購買，動作快一點，動作快一點！」嗯，我想就算你本來想買，聽到主持人這樣大喊，反而會讓你覺得渾身不對勁，想立刻逃離現場吧？

但如果你只會寫呼籲行動，而缺乏讓人行動的理由，顧客又怎麼輕易埋單呢？想想看，如果有天你去買水果，當你還在挑選水果時，老闆看到你只會說「趕快挑、趕快買、買就對了。」你是不是覺得一頭霧水，又很煩。但如果老闆對你說：「現在這個季節蘋果最好吃了，而且很便宜，要不要帶幾顆？」這樣聽起來是不是舒服多了？或許你因此就買了蘋果。又好比去看預售屋，銷售人員也不可能在你剛進門時，就馬上要你拿出斡旋金，而是先介紹這間房子的特點，如果真的符合你的需求，才可能會考慮，對吧？

Chapter 19

敦促：給顧客一個買爆的理由，其實很簡單！

價格超值

讓人採取行動，最重要的就是提供一個適切的理由，而價格超值是一個很有力的因素。分成三種：**免費**、**對比**與**換算**。以下分別說明：

#免費

作法是在特定行動前，加上「免費」兩個字，例如：免費訂閱、免費報名、免費取得、免費下載。或者在文字段落中，強調「免費」，例如：真的通通都免費，全部放入購物車也不用錢！

以前只要冠上「免費」這兩個字，幾乎就是銷售保證，因為顧客感覺不用付出成本就能免費擁有，有什麼不好呢？

但是隨著免費手法的被濫用，顧客開始警覺，如果他免費擁有這個東西，他會不會付出什麼代價？有時候只是一個簡單行動，讓顧客能免費獲得資源，例如：請他在臉書貼文下留言即可獲得教學影片，就可能會讓人卻步。當然，不是每個人都會顧慮這些，所以免費仍然有效果，只是沒有像過去那麼有效而已。

還有，免費雖然好用，但要謹慎使用，因為一旦冠上「免費」這兩個字，容易讓人覺得「廉價」，而吸引不到高端顧客。除非你的品牌就是強調比別人便宜，否則「免費」這兩個字要謹慎使用。

對比

對比就是原價多少錢，現在多少錢，例如：原價 3,600 元，早鳥價 2,500 元，以前後高低價格作為對比，增加購買慾望。但記得千萬不要只放優惠後的價格，因為顧客不會知道，也不會記得原價多少錢，如果只放優惠後的價格，就沒有辦法做到錨定效應，讓顧客明確感受到價格的優惠。

雖然這個道理很好理解，但很多人會忽略，所以如果你的商品、課程或服務價格有優惠時，記得一定要放上原價做對比喔！

#換算

幫顧客計算現在的優惠讓他省了多少錢，或者賺到多少錢，讓優惠具體化。以下有三點，折扣比例／平均換算／現省或現賺。

1. 折扣比例

例如：原價 5,000 元，折扣 1,750 元，就是折扣 35%，讓顧客知道折扣的比例。或者相反，折扣 35%，5,000 元就折扣了 1,750 元，等於只要 3,250 元，讓顧客知道折扣後實際付出的金額。

2. 平均換算

例如：6 件 300 元，所以一件多少錢呢？平均 1 件只要 50 元。雖然是多件優惠，顧客必須要買到一定得金額才能享折扣，但經過平均換算之後，就能讓付出的金額，感覺變得更少，知名電商平臺「生活市集」就經常使用這樣行銷方式，我也曾因此多買了幾件同樣的商品。

3. 現省或現賺

　　現省就是現在能省下多少錢，現賺就是現在能賺到多少錢，其實是同一件事情。例如：原價 2,500 元，現在只要 1,000 元，現省 1,500 元。或者原價 2,500 元，現在只要 1,000 元，現賺 1,500 元。兩者使用上的選擇，在於你想要強調現節省感覺，還是強調賺到的感覺。

　　以上是第一個方法，價格超值，從「價格」中找到超值的元素，可以分成三種：免費、對比與換算。第二招將延續第一招，從「利益」中找到優惠的元素，分別強調採取行動後可以省到或者賺到什麼？

＊再看看其他範例

- 即日起，零成本留學！
- 什麼是熱瑜珈？歡迎免費體驗！

- 免費招待全家！按照申請順序，限 XXX 名。
- 不用花錢就可以享用頂級牛排！今年夏天最超值企畫。
- 不來是你的損失！第一次報名一律免費！
- 平均一天只要 3 元電費，智慧節能讓你省更多。
- 買整組更划算，只要 XXXX 就能帶回家。

額外優惠

我曾看過一張很厲害的信用卡，海外最高 3.5%現金回饋，而且回饋無上限，光是這點就讓人很想申辦。但畢竟不是每個商品、課程或服務，都能提供如此高的優惠，所以我們可以強調購買商品後，額外得到的優惠有哪些？不妨從「利益」中找到優惠的元素，分別強調採取行動後可以省到或者賺到什麼？

#省到

採取什麼動作之後能夠省多少錢？例如：結帳時填入優惠碼 XXXXX，免外送費，明確告知可以省下什麼。或者是現在購買能有什麼好處。

例如：獲得 3,600 元折價券，顧客會去換算他購買商品以及獲得折價券之間的比例，如果獲得的折價券金額比例較高，例如：他購買的商品是 6,000 元，但折價券卻有 3,600 元，等於下次購買時可以省下 3,600 元。

但要注意的是，如果給與下次折價和顧客購買商品付出的金額，比例誇張的高，可能會有反效果。例如：顧客購買了 1 萬元，卻可以得到 5 萬元的折價券，這樣反而讓人覺得其中有詐，「我才花 1 萬元，卻能拿到 5 萬元，是不是這些商品價值其實都很低，所以才會送這麼多折價券？」就算吸引到顧客購買，一定也是貪小便宜的人，對於長期行銷不利。所以送折價券的金額要合理，不要讓顧客因此而失去信任。

 # 賺到

強調購買商品可以獲得額外的利益。通常是購買後可以額外獲得的贈品，讓顧客覺得賺到，很適合當作臨門一腳，例如：現在購買「鈔級文字力」線上課程，再送三大好禮，分別是ＡＢＣ。

贈品常見的有實體贈品、虛擬贈品、服務贈品與活動贈品，以下分別舉例。

- **實體贈品**：再送精華液試用包、現在購買加贈 10 顆、買手機送保護貼。
- **虛擬贈品**：加贈電子書、加碼送線上課程、再送 XXX 軟體。
- **活動贈品**：報名「文字行動力」課程，再送 1 堂【字遊主義】讀書會。
- **服務贈品**：1 小時面對面諮詢、電話諮詢或者線上諮詢、電腦維修到府取件。

以上是第二個方法，「額外優惠」，購買商品後可以省到或者賺到什麼？藉此強化購買動機。

＊再看看其他範例

- 現在購買 XXX，使用振興三倍券，即可獲得 XXX。
- 登錄送千元禮券，振興券最高 1000 變 3500。

- 用 momo 卡，回饋 3.5%。
- 推薦好友申辦，就送購物金 200 元。
- 填寫問卷，就送課程折價券。
- 本課程含線下社群參與資格。

稀缺限定

提取「稀缺」與「限定」的訊息。稀缺，代表難以取得，所以產生價值感，以及因為害怕失去，而帶來衝動感，作法是透過限時與限量。限定，則是因為群體區隔，所以代表特殊性，或者因為區隔所帶來的尊榮感，作法是透過限人與限地。以下分別說明：

#限時

透過促銷檔期，創造時間限定，時間可能是一段區間，或者開始時間。

區間：聖誕節檔期 12/15 ～ 12/25 期間限定。

截止：大薯買一送一，尚餘 1 天 12 小時（麥當勞）。

開始：限定每天中午 12:30 開放登記搶購。

如果時間比較長，在日期後面可以加上星期幾，也可以加上截止時間，例如：23:59。特別是如果你的活動走期已經有一段時間，你在截止日當天要發提醒的訊息，最好確定是 6/30(二)23:59 還是 7/1(三)00:00，避免消費爭議。

 # 限量

透過設定名額、數量、產能與庫存。

數量：只有 100 個名額、只賣 1,000 個。

產能：一頭牛僅供六客（王品牛排）。

庫存：只剩最後 8 個。

 # 限人

透過設定特殊購買條件，以創造資格限定，可能是身分或行為。

身分：會員限定、粉絲專屬、訂閱用戶、老學員、VIP……

行為：有填過問卷的人、攜碼申辦。

#限地

透過設定購買地點，以創造地點限定。

例如：限臺北地區、限 XXX 門市……

#混合

限時、限量、限人、限地這四點很少單獨使用，通常是其中幾個混用，但限時和限量這兩點最常搭配。例如：只有 100 個，賣到明天早上九點，顧客的心裡小劇場可能會浮現這樣的聲音：「什麼？只有 100 個？如果搶不到怎麼辦？什麼？只到明天早上九點，如果明天早上，我起不來怎麼辦？還是現在趕快下單好了。」

當你在混用限時、限量、限人與限地這四點時，可以思考的是，你想要強調哪一個重點，是限時？還是限量？確定好之後，將你想要強調的重點放在呼籲行動的最後面。例如：如果你想強調名額，就把名額擺在最呼籲行動的最後面，「賣到明天早上九點，只有 100 個。」如果你想強調的是時間，就把時間擺在最呼籲行動的最後面，「只有 100 個，賣到明天早上九點。」因為在心理學上最後的資訊，印象比較深刻。

＊再看看其他範例

- 預購期間，享早鳥優惠，只要 XXX。
- XX/XX 前註冊，入會費享 6 折優惠。
- XX/XX ～ XX/XX 期間，春季特賣！用當季食材吃出健康。
- 今年底最後一場特賣會，保證最低價格，不會再有。
- 首次刊登廣告即享本次優惠 NT.1500 元（Google）。
- 每堂課只收 15 位學員，才能照顧每一位學員的學習成果。

指引下單

前面提到的方法，價格超值、額外優惠與稀缺限定，都是最簡單有效的理由，但千萬別忘了，還有這個方法，也就是最基本的「指引下單」。

「指引」就是委婉的提醒顧客要採取的行動，例如：了解詳情、查看更多、前往領取。「下單」就是明確的告知顧客趕快購買，例如：立刻購買、馬上報名、手刀搶購。那該怎麼使用？可以從平臺、形式與價格分類，以下分別說明：

平臺

常見網路平臺，分成社群與網頁。如果是在社群上，由於大家主要是來交朋友的，不是來看廣告的，所以用指引會比較好，例如：現在就去看看。但如果是在網頁上，因為大家造訪網頁通常已經有心理準備要瀏覽商品，所以在網頁上，可以直接用下單，例如：現在點擊按鈕，用最優惠的價格，取得鈔級文字力。

形式

以一般對文字的形式認知，分成文案與文章，文案偏商業行銷，文章偏表達內容。如果是文案的形式，顧客在閱讀時已經知道是一篇廣告，應該做好了心理準備，所以除了考量平臺屬性之外，直接用下單無妨。

但如果是文章的形式，由於閱讀文章的人本來只想看一篇有趣或有料的內容，看到最後卻是業配，如果呼籲行動設計不好，導致文字轉折太強烈，讓人感到唐突，將可能減少採取行動的機率。所以文章建議用指引就好，特別是你沒有把握時，不如保守一點。

當然，以上分類只是使用指引下單的基本指南，還要考量文字的整體呈現。有時候擺明是一則廣告，但是因為寫法比較有情感，即便文字出現在網頁上，下單未必是最好的選項，因為突然在網頁中加個立刻購買，還可能會破壞氣氛，還不如指引就好。

#價格

價格也會影響指引下單的選擇，低價商品因為購買決策速度快，所以用下單可以敦促行動，高價商品因為決策速度慢，所以多用引導少用下單。如果低價商品上使用多次呼籲行動，也可以前面用指引，後面用下單。但如果是高價商品，就要注意使用下單的頻率，因為有時候催促的太頻繁，會讓人有減低商品價值的感受。

＊再看看其他範例

- 立刻取得
- 即刻擁有
- 到這裡看看
- 打開傳送門
- 1秒入手
- 手刀＋1
- 買起來
- 還不買爆？

賣點重述

如果文字篇幅較短，寫文末的呼籲行動通常就是提供一個理由，再加上指引下單就行了，甚至可能只有指引下單就夠。這麼做並不代表理由不重要，而是理由已經在上面說明，距離呼籲行動很近，也沒有什麼價格超值、額外優惠、稀缺限定等可以補充說明，這時候不用硬寫，拖累節奏感。

但如果你的文字篇幅較長，例如在銷售頁上，即便你已寫得很完整，但是當顧客從頭看到尾，可能也忘得差不多了。所以在寫呼籲行動時，可以把商品、課程或服務的主要賣點再說明一次，以提醒你的顧客。

重述賣點除了提醒顧客之外，還有另一個原因，就是不會每個人都會按照你的鋪陳從頭讀到尾，有些比較沒耐性的顧客，他可能會跳著看，所以在呼籲行動時，重述賣點有助於幫沒耐性的顧客理解重點。

以「鈔級文字力」預購時的銷售頁中，第一次的呼籲行動為例：

寫出會賣的文字，就能讓顧客喜愛你品牌或事業；更能讓顧客購買你的商品、課程或服務，透過一門課的時間，打造屬於你的鈔級文字力！

你發現這段呼籲行動很長，因為《鈔級文字力》預售的銷售文整篇字數高達4000字，寫到第一次的呼籲行動時，也已經超過 1500 字，所以必須要做一次重述賣點。

順帶一提，在銷售信中，以「P.S.」補充說明，也是應用賣點重述。

組合範例

你已經學會了「價格超值」、「額外優惠」、「稀缺限定」、「引導下單」、「重述賣點」這五種呼籲行動的寫法，你最喜歡哪一個呢？這五個方法有各自的使用方式，也可以混合在一起使用，光是寫呼籲行動，就有數不盡的組合了。

接著我們來看一個混合式的呼籲行動，這是我在文化大學進修推廣部開的「有行銷力的文字寫作課」，這是一門 12 小時的實體課程，以下範例是 1.5 小時的說明會簡介內容。當初我給他們課程介紹文，在說明會的銷售頁中，他們把呼籲行動組合的非常漂亮，所以用這段文字來做為範例：

有文筆沒有行銷力，你的文字沒有腳，走不盡讀者的心裡；

懂行銷缺乏文字力，你的行銷沒有手，抓不住市場的游移。

這是一場從 12 小時完整課程中，
萃取出 1.5 小時精華關鍵的免費說明會，
要讓你提前體驗，

更能了解如何讓文字擁有行銷力！

快點選加入購物車預約參加免費課程說明會！

參加課程說明會並當天報名繳費完整課程者，還獨享「有行銷力的文字寫作課」課程折扣 1,200 元優惠。

我們來分析一下：「有文筆沒有行銷力，你的文字沒有腳，走不盡讀者的心裡，懂行銷缺乏文字力，你的行銷沒有手，抓不住市場的游移。」這一段是描繪受眾，可能面臨的痛苦。

中間從「這是一場從 12 小時完整課程中，萃取出 1.5 小時精華關鍵的免費說明會，要讓你提前體驗，更能了解如何讓文字擁有行銷力！」就是這場說明會的賣點，也是痛苦的解決辦法。

「快點選加入購物車預約參加免費課程說明會！」這一句直接引導下單，「參加課程說明會並當天報名繳費完整課程者，還獨享『有行銷力的文字寫作課』課程折扣 1,200 元優惠。」這段是額外優惠。

你學會了嗎？是不是很簡單呢？

透過這個小節，你已經學會結尾的呼籲行動寫法了，包含「價格超值」、「額外優惠」、「稀缺限定」、「引導下單」、「重述賣點」，這些寫法都比較直接，核心概念是：

行動＝理由＋引導

雖然這些呼籲行動的方法簡單有效，但影響力比較短淺。我們也可以試著勾起顧客內心更深層的渴望，讓影響力超越文字本身，但該怎麼做呢？

Chapter 20

選擇：告訴顧客：如果可以選擇，你比較喜歡哪一個？

在結尾處給受眾再一次選擇的機會，透過連結不同的情緒，營造一種情緒落差的氛圍，讓他內在面對一個「選擇時刻」，能促使他做出對自己有利的決定。

你想買一臺爛車？還是買一臺有品質的二手車？

（OS：嗯，如果要買二手車，當然是要有品質的啦！誰想要當冤大頭呢？）

在「還是」之前是一個段落，在「還是」之後是另一個段落，因為兩段情境的不同，在受眾心中各自變成一個選項。「你想買一臺爛車？」連結受眾不想要的痛苦，「還是買一臺有品質的二手車？」連結受眾想要快樂。

現在，你可以繼續學習文案寫作，只是漂亮的文句，並不保證能反應出漂亮的業績。或者，你也可以現在採取行動，透過這 3 小時的學習，從此讓文字成為你獨有的印鈔力！（文字銷售力）

（OS：嗯，只要 3 小時的學習，就能讓文字具有印鈔力，看來是時候報名了！）

在「或者」這兩個字之前，是一個段落，「或者」之後，又是一個段落。因為情境的不同，在受眾心中這兩段文字，各自變成一個選項。「現在，你可以繼續學習文案寫作，只是漂亮的文句，並不保證能反應出漂亮的業績。」連結的是受眾不想要的痛苦，而「你也可以現在採取行動，透過這 3 小時的學習，從此讓文字成為你獨有的印鈔力！」連結的是受眾想要的快樂。

現在，你可以繼續自己摸索，只是獨自摸索，不知何時才有成果？或者，你也可以現在採取行動，透過這 2 小時的學習，從此讓學習事半功倍。（腦神在在｜腦力開發課程）

（OS：嗯，記憶力不好已經困擾我很久了，如果能因為腦力開發讓自己在學習上變得更輕鬆，也許可以試試看。）

在「或者」前後各自成為一個段落，「現在，你可以繼續自己摸索，只是獨自摸索，不知何時才有成果？」連結了受眾不想要的痛苦，「或者，你也可以現在採取行動，透過這 2 小時的學習，從此讓學習事半功倍」連結了受眾想要的快樂。

你可以選擇利用情緒，讓他成為你的發動機，也可以維持現狀，讓情緒繼續當你的絆腳石。你選擇哪個？（山姆王｜身心系統）

（OS：嗯，當然是讓情緒成為發動機啦～誰想要絆腳石呢？）

「你可以選擇利用情緒，讓他成為你的發動機」這一段連結的是快樂，「也可以維持現狀，讓情緒繼續當你的絆腳石」這一段連結的是痛苦。最後，反問受眾「你選擇哪一個？」留下未完成的餘韻，讓受眾自行做出選擇。

網路社群時代，你可以靠文字崛起，享受時代紅利。也可能因為文字絕跡，沒入時代洪流。不同的結果，取決於你在網路上使用文字的能力。學會文字溝通力，讓你的用心，被真心對待。（文字溝通力）

（OS：嗯，我也好希望讓每次的投入、付出與辛苦，都能被看見。）

「網路社群時代，你可以靠文字崛起，享受時代紅利」連結的情緒是快樂的，「也可能因為文字絕跡，沒入時代洪流。」連結的情緒是痛苦的，造成兩者的差異在哪？原來「不同的結果，取決於你在網路上使用文字的能力。」當你讀到這裡是不是還有種未完待續的感覺？所以最後我再加上一句感性的喊話：「學會文字溝通力，讓你的用心，被真心對待。」

看到這裡，你發現什麼了嗎？讓「選擇時刻」營造出情緒落差，一定是一個痛苦，一個快樂，透過人類兩大本能驅動對比，讓受眾自行感受，促使他做出對自己有利的決定。

這就樣的選擇時刻，核心概念是：

選擇＝低谷＋高峰

用比較委婉的方式，激發顧客內心深處的渴望，讓一些感受在他的心中迴響。現在你已經學會了敦促與選擇，想想看，如果可以選擇，你比較喜歡哪一個呢？

＊再看看其他範例

- 你只是想變帥？還是一定要變帥？
- 你想一直存不到錢？還是開始變有錢？
- 如果不管買多少價錢都一樣，你想挑一件就好？還是拿多幾件比較好？
- 買屋？還是租屋？請找 XX 房屋。
- 自由行？還是跟團？到這裡挑你想要的行程。
- 想上實體課程？還是想買線上課程？可用你喜歡的方式學習。
- 普通的課程只能解決特定的問題，所以你必須不斷的學習，才能持續成長；但只有真正高階的課程，才能讓你獲得啟發、全面提升自我的能力！如果可以選擇，你比較喜歡哪一個？（文字影響力）

結語

感謝你閱讀本書，當你讀到這裡，大概已經看完了所有的內容。在你闔上書本之前，讓我再和你分享一個小故事。

我有一位學員是新娘祕書。從前她對於文案寫作就感到十分困擾，臉書粉絲專頁的貼文每次不知道要寫什麼，也不太會寫，於是她報名了我的某一門課程。

自從她在八月份上完課之後，她覺得自己比以前會寫了。在一週一篇的發文頻率下，沒想到到了十月份，年底的預約竟然都已經排滿了。當她在我的另一門課程分享這段故事時，我看到她眼裡閃耀著光芒，如此自信。

因為我說「最好的故事就是自己的初心故事」，於是她又花了一下午寫了自己的故事（已收錄在本書中），完成之後她看著自己產出的文字，驚訝地表示連自己都感到不可思議！因為儘管她好像有好多故事可以講，但她以前從來沒想過自己可以寫得出來，而且還把自己想寫的感覺都寫出來了。這一次，我不是聽她講，而是看著手機上的 LINE，她的喜悅並沒有因為受限於文字而變得模糊。

我經常聽到學員分享這類的故事，每一次我都很為他們感到開心，這就是為什麼我堅持在培訓產業努力，因為我看到了學員課後的種種改變。

我們已經透過好幾萬字相處了一段時間。接下來，我要把時間交還給你。因為有些改變，需要一點時間去醞釀，而每個人所需要的時間並不一樣。

相信在未來的某一天，我們還會再相見。

期待那一天的到來，你會有好多好多的故事想和我分享，關於你的啟發、你的收穫、你的改變，還有你對未來的期待。

我會一直等你，直到那一天的到來。

我相信你。

也請你，相信自己。

鈔級文字

文字力教練 Elton 教你的關鍵 20 堂熱銷文案寫作課！
從賣點、受眾到表達的銷售技術

作　　者／林郁棠
行銷統籌／王冠婷
美術編輯／孤獨船長工作室
責任編輯／許典春
企畫選書人／賈俊國

總 編 輯／賈俊國
副總編輯／蘇士尹
編　　輯／高懿萩
行銷企畫／張莉榮・蕭羽猜・黃欣

發 行 人／何飛鵬
法律顧問／元禾法律事務所王子文律師
出　　版／布克文化出版事業部
臺北市中山區民生東路二段 141 號 8 樓
電話：(02)2500-7008 傳真：(02)2502-7676
Email：sbooker.service@cite.com.tw
發　　行／英屬蓋曼群島商家庭傳媒股份有限公司城邦分公司
臺北市中山區民生東路二段 141 號 2 樓
書虫客服服務專線：(02)2500-7718；2500-7719
24 小時傳真專線：(02)2500-1990；2500-1991
劃撥帳號：19863813；戶名：書虫股份有限公司
讀者服務信箱：service@readingclub.com.tw
香港發行所／城邦（香港）出版集團有限公司
香港灣仔駱克道 193 號東超商業中心 1 樓
電話：+852-2508-6231 傳真：+852-2578-9337
Email：hkcite@biznetvigator.com
馬新發行所／城邦（馬新）出版集團 Cité (M) Sdn. Bhd.
41, Jalan Radin Anum, Bandar Baru Sri Petaling,
57000 Kuala Lumpur, Malaysia
電話：+603-9057-8822 傳真：+603-9057-6622
Email：cite@cite.com.my

印　　刷／韋懋實業有限公司
初　　版／ 2021 年 3 月
2021 年 11 月初版 2.5 刷
定　　價／ 300 元
ＩＳＢＮ／ 978-986-5568-26-9

城邦讀書花園 www.cite.com.tw　布克文化 WWW.SBOOKER.COM.TW

貓咪超有事 2

尋找灰胖之旅

志銘與狸貓 ◎圖文

目錄

NO.1 超有事日常

我家的貓好厲害

奴才終於瘋了

NO. 4

尋找灰胖之旅

登場角色介紹

招弟

身為後宮的第二位成員，又是阿瑪的元祖女友，地位自然是一貓之下，七貓之上，不過難免有些貓咪不認同她輕而易舉得來的地位，總在暗地裡有暗潮洶湧的抱怨。不過自從學會貓語之後，她更懂得表達心裡所想的，也開始維護自己的權益，前陣子雖飽受搜可史的尖叫攻勢考驗，不過靠著冷靜突襲的策略，最終還是成功守住自己的地盤，堪稱「最安靜的女王」也不為過。

黃阿瑪

生來有霸氣不凡的貓格特質，也是後宮眾貓與奴才公認的領袖。雖然平時看起來威嚴正經，對奴才總是欲擒故縱，不願意隨意示好，但其實私底下偶爾也有溫柔暖心的一面。除此之外，體型壯碩的阿瑪，更有些不為人知的休閒嗜好，像是被擦屁屁、騎柚子……這些可都是不允許被記錄下來的真實軼事（不過奴才還是冒死記下了）！

搜可史（Socles）

身為後宮唯一黑貓，一直認為自身毛色與眾不同，甚至沒有自信，總覺得別貓歧視自己，因而產生敵意，近數年內陸續發起了「抗瑪戰爭」、「抵嚕運動」、「避柚改革」，直到最近的「伐招事件」落幕後，才開始意識到短短貓生，實在花太多心力在這些無意義的爭吵了。於是在奴才安排之下，開啟了獨居生活，與大夥的距離增加後，才發現其實大家沒那麼可怕，可怕的一直是自己的心魔，而這也是她未來要持續面對的挑戰。

三腳

天生麗質的大眼美女，在口炎奇蹟性的痊癒之後，顯得更傾城動人，即便有了年紀，仍然充滿魅力。生病後的三腳變得無欲無求，對貓世間的百態也已淡然看待，從前那位潑辣凶狠的美魔女，已經轉變成溫柔的知性美貓，不只能夠冷靜面對一切，還時常提出有用的建議，在整頓後宮秩序與穩定士氣的方面，有十足的幫助。

柚子

雖然是後宮唯一沒有流浪過的貓咪，總是樂天無憂，隨心所欲，但經過幾年間的成長，也對於世事多少有些了解，從前對於地盤多寡沒那麼在乎，隨著年紀漸長，體內的賀爾蒙開始有了奇妙的變化，對於後宮的排名地位日漸在乎，面對自己存在的位置，也開始尋求認同的價值。

嚕嚕

身為橘貓界的勇士代表，在後宮數年間飽受眾貓的無情欺凌，好在現在與始作俑者阿瑪已達成了協議，阿瑪允許嚕嚕擁有自己的一塊領地，而嚕嚕也不再是永遠要看別貓臉色的手下敗將，並承諾與阿瑪和平共處，締造和平的盛世。面對後宮地位的流轉，嚕嚕也變得不再在乎，只要能一直待在人類身邊，只要能平安度日，那便是他貓生唯一追求的信仰。

小花

是一隻三花貓，同時是後宮最年輕的新成員，也是目前僅存的逗貓棒使用者。非常有自己的想法，善於開口表達意見或主張自己的權益，不太願意為了別人，委屈自己配合任何事，除了柚子之外。柚子對她而言，像是個安定的力量，只要有柚子在的地方，小花就顯得安然自在；反之，只要一見不到柚子，小花就會心急如焚到處尋找。

浣腸

因為擁有鬥雞眼搭配下垂的眼型，看起總是來楚楚可憐，也總能獲得更多的關愛，但因為眼睛的缺陷也讓他有更多的膽怯，與對這個世界的不信任。與嚕嚕相同的是，浣腸也得到了一塊屬於自己的領地，但對於這個分封，他始終覺得不甘心，他明白因為過去對阿瑪嚕嚕的抗爭，才淪落至此，分封只是個美名，實為被軟禁的懲罰，為了重回戰場，每日勤奮健身拉單槓，只為重返自由，奪回勝利的滋味。

灰胖

志銘於大學時期養的第一隻寵物，是一隻灰色迷你兔，平時溫馴乖巧，但脾氣不是太好，擅長以蹬後腳來表達不滿。令人意外的是，瘦小的灰胖面對壯碩的阿瑪時，仍然不卑不亢，表現出先來後到應有的地位關係，灰胖同時也是阿瑪進入人類家庭生活後的第一位非人類室友，與灰胖相處的點點滴滴，也為後來阿瑪領導後宮打下了穩固的基礎。

奴才

分別是志銘與狸貓，是後宮裡最低等的兩名生物，沒有尊嚴，沒有怨言，一切都以貓咪福祉做為考量，為貓咪努力工作，為貓咪犧牲奉獻，一切都只為了輔佐貓咪統一世界為最終目標。

NO. 1

超有事日常

搬新家了

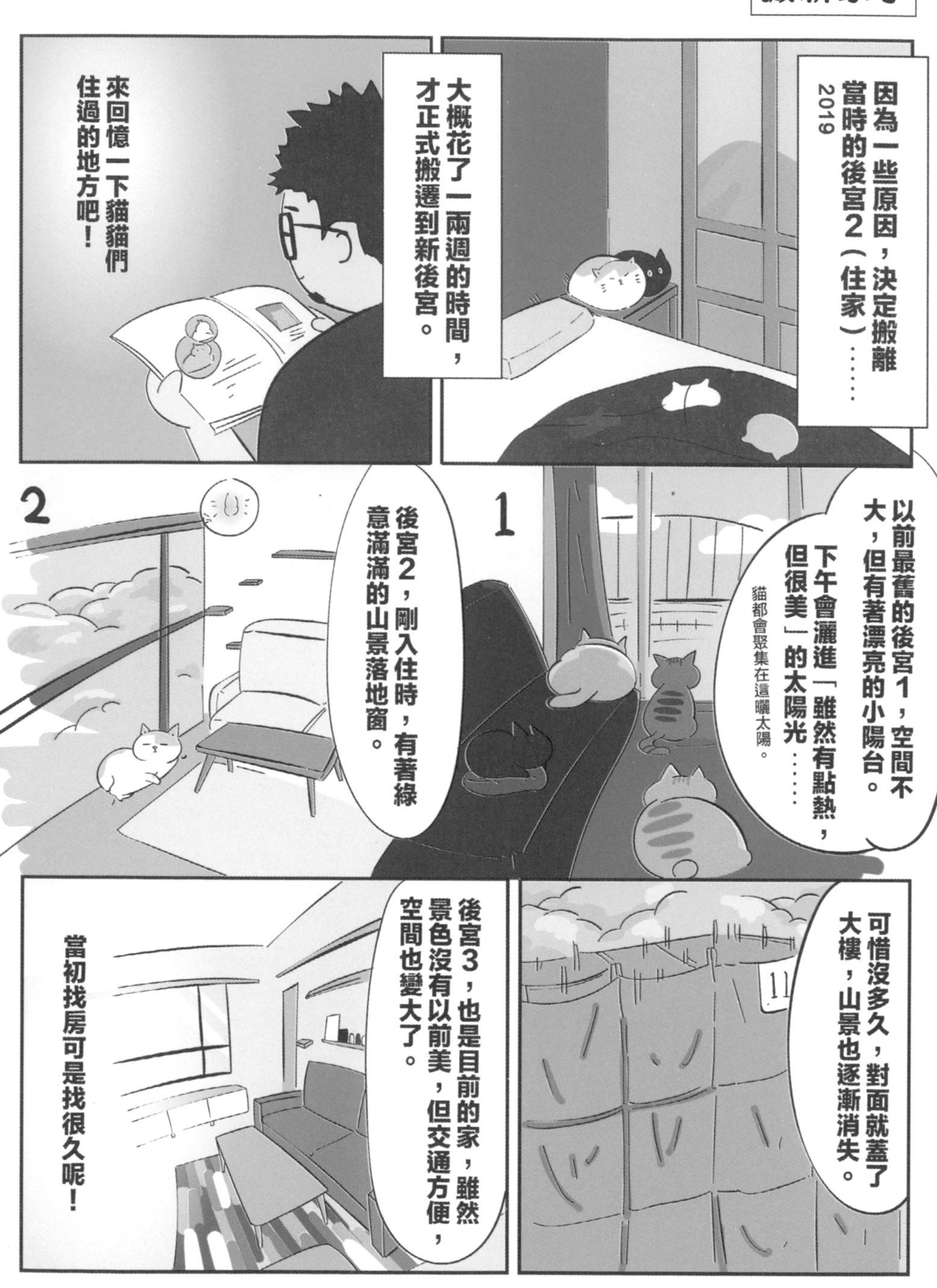

因為一些原因，決定搬離當時的後宮2（住家）……
2019
大概花了一兩週的時間，才正式搬遷到新後宮。
來回憶一下貓貓們住過的地方吧！
1
以前最舊的後宮1，空間不大，但有著漂亮的小陽台。
下午會灑進「雖然有點熱，但很美」的太陽光……
貓都會聚集在這曬太陽。
2
後宮2，剛入住時，有著綠意滿滿的山景落地窗。
可惜沒多久，對面就蓋了大樓，山景也逐漸消失。
後宮3，也是目前的家，雖然景色沒有以前美，但交通方便，空間也變大了。
當初找房可是找很久呢！

帶貓貓們入住後宮3的
那一天……
我們帶著後宮加四小虎，
總共有十一隻貓要進來。
陣仗和聲勢也
都是十一倍！

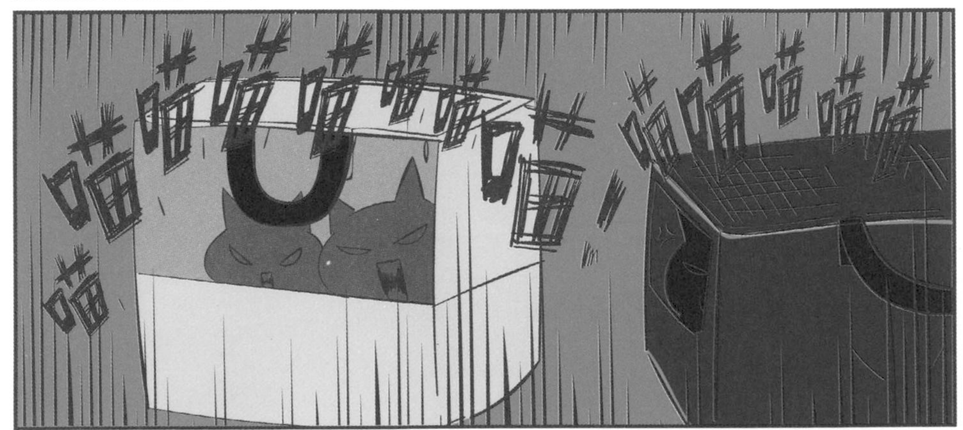
喵喵喵喵喵喵喵喵，喵喵喵喵喵

小聲一點啦，不要打
擾到鄰居們啊啊！
趕快放他們出
來看看環境吧！

打～
開

嗅
嗅
嗅
這……這是哪？
嗅
安靜了……

每放一隻就安靜一隻……
啊，摸不到……
有空中步道啊……這逃生路線很通暢。
大家都在熟悉環境呢！

真是辛苦他們了，這幾年跟著我們一直到處搬家，希望他們能適應。
嗅
嗅
這個房間沒有任何貓咪的味道……

幾小時後……

當時為了找到這個新家，我們大概前後看了 20 多間物件吧，過程非常勞心費神，但一想到未來人貓都能有更好的生活品質，就覺得沒那麼辛苦了！

霸占位置

午餐時間。

小花妳……
Z
Z
Z

整隻霸占住椅子！太超過了吧！
Z
Z

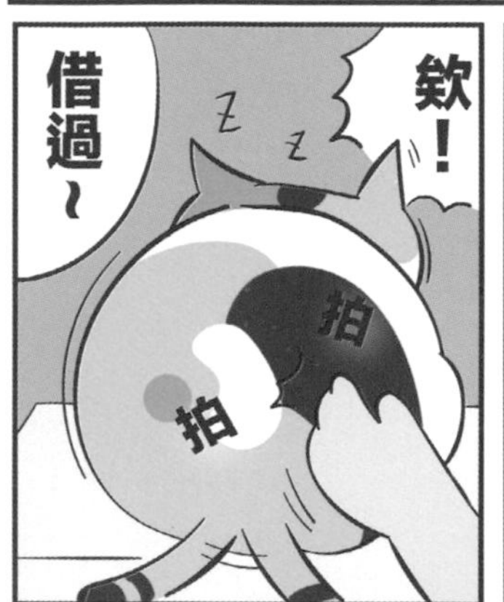
欸！
借過～
拍
拍
Z
Z

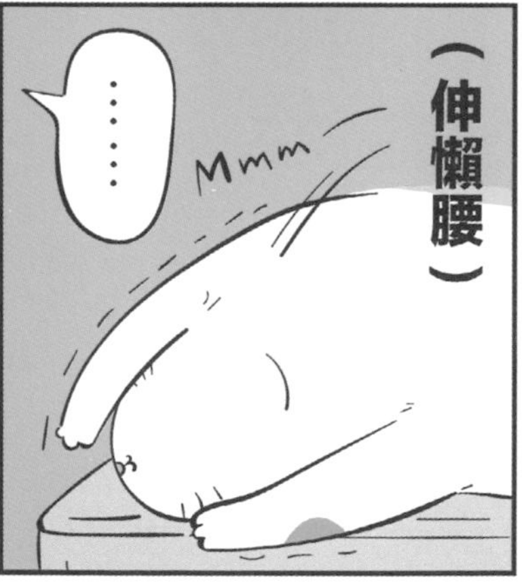
（伸懶腰）
Mmm
……

叫不醒欸！算了算了，給妳睡吧……
Z
Z
Z

只好自己從別的地方搬椅子來坐。
嘿
搬

坐
終於可以吃飯了……

嗯？
咦？
醒了！

剛剛怎麼叫都叫不醒……是裝睡嗎？

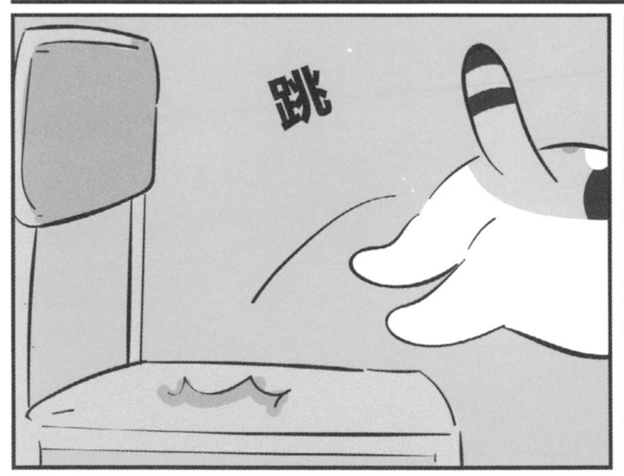
跳

竟然走了！
椅子白搬了。

小花妳妳竟然……

我早就醒了，只是想看你會怎麼辦而已！
呵呵。
……

小花真是一隻「越長大個性越鮮明」的貓咪，成年後的小花非常有主見，很懂得要求福利，更懂得拒絕說不，乍看之下她似乎很撒嬌，但事實上又好像不太需要我們，這種獨立自主的性格，真可說是新時代女性的完美典範。

我們在錄影片時，她總是喜歡跑上前來湊熱鬧，但若發現我們想要伸手摸她抱她，又會堅決反抗想要逃跑，這種心態真不知該算對我們「欲擒故縱」，或者是「食之無味，棄之可惜」呢！

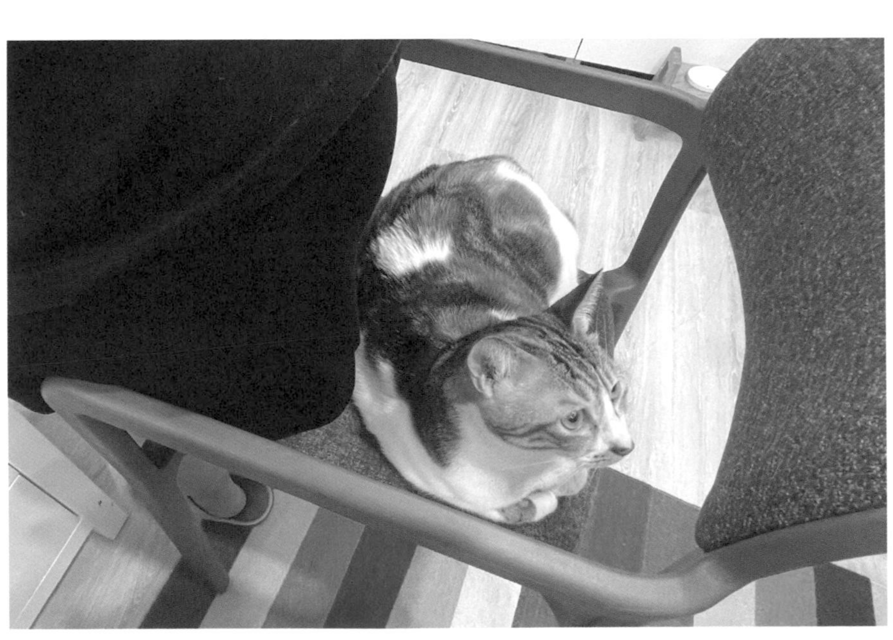

土霸王

最近招弟會跑去So
的地盤探險。

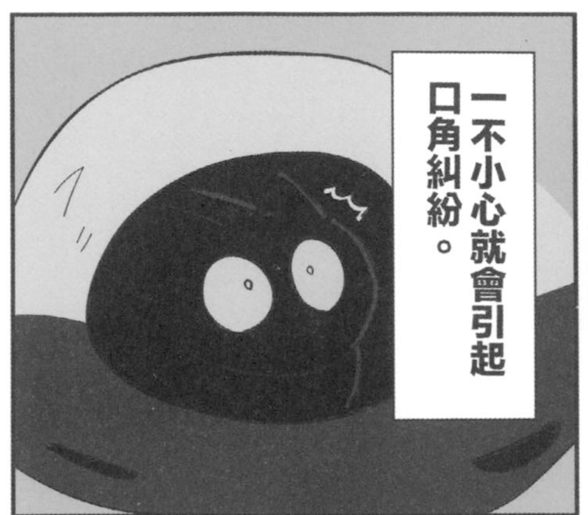
一不小心就會引起
口角糾紛。

妳為什麼要跑到
我家來！
從以前妳就喜歡
這樣搶地盤！

妳也有搶過我地盤
，少在那邊……
土霸王！
（碎碎念。）

……
土霸王……
土霸王……
土霸王……

妳才嘔吐霸王咧！每次吃飯都吃那麼快，才剛吃進去就吐出來，懂不懂吃飯啊！

妳好意思說我？妳嘔吐的次數一定比我多上好幾倍！

吵起來了……
反正妳趕快出去啦！
為什麼我要出去！

她們又吵起來了……
調解委員
欸不要吵架！

！
是奴才！

咻

沒有吵架啦，我們只是在溝通……
撒嬌
……

傻住
……

她剛剛凶……
招弟妳不要說話！
對人跟對貓的態度有點不一樣呢！

如果真要比這兩位女孩的智力，我想招弟可能略勝一籌，招弟很懂得保護自己，也懂得如何花最少的力氣，得到想要的成果。

但搜可史就不一樣了。她屬於直腸子型的，有什麼話會直接說，也不太會隱忍自己的情緒，但也因此容易暴露自己的弱點，讓自己陷於危險之中。

不過這兩種個性都有好壞，招弟雖然冷靜又機靈，卻難免被覺得冷漠且不需要協助，更因此容易被忽略；而搜可史雖然容易激動，情緒起伏大，但對我們來說，會不自覺給她更多關注，總是擔心她受到欺負。

招弟的堅持

這是招弟最近常睡覺的窩。

舔
舔
招弟對它有一些莫名的堅持。

啊……招弟要過去了！
靠近——
來看看她會不會又要那樣了吧……
小幫手們的猜測。

……
嗯……沒辦法了！

壓
啊啊
啊啊啊
啊啊啊

這樣就剛好了。

招弟一定要把窩壓扁了才會睡。

又毀了……我們才剛把窩弄整齊……
這是招弟第87次壓扁窩了。

呼嚕呼嚕……
貓……是不會照著你的規則做的。

畢竟他們是貓咪嘛！
才不會照人類的規則走，
擁有自己的行事作風，
這才是貓咪的特色吧。
而且我們已經很習慣，
只要他們肯用我們買的貓窩，
就已經是夠賞臉的了，
不用再計較那麼多了啦！

阿瑪的那個

喵……
喵……
喵！
喵！
啊！阿瑪又在叫我去幫他擦屁屁了！

阿瑪最近剛上完廁所，都會想要被擦屁屁。
我們都會用衛生紙沾溫水，輕輕擦拭他的小菊花。

咦？

抖
抖
舒服齁？爽齁？
擦乾淨了吧？

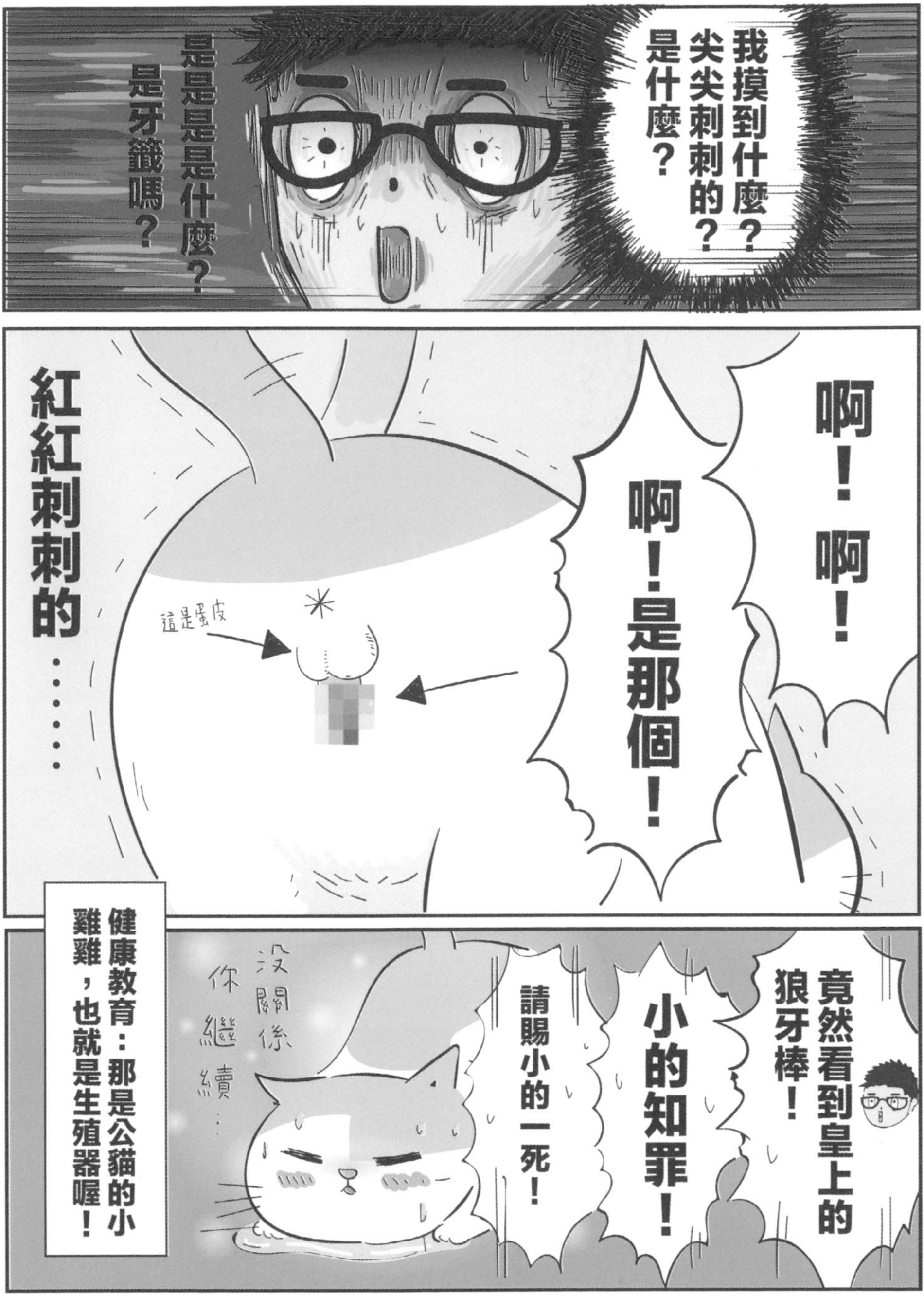

啊！啊！

啊！是那個！

這是蛋皮

紅紅刺刺的……

竟然看到皇上的狼牙棒！

小的知罪！

請賜小的一死！

沒關係你繼續……

健康教育：那是公貓的小雞雞，也就是生殖器喔！

這是公貓很正常的身體器官，大家要以健康的心態來面對唷！

三腳的日常

三腳最近依然每天吃藥控制口炎。

因為口炎，她會不停分泌口水，經常需要幫她清潔嘴邊髒污。
呼——嚕

來，擦嘴巴喔，擦完才可以吃藥喔……
好髒～

來……不會痛！
…

啊跑了！

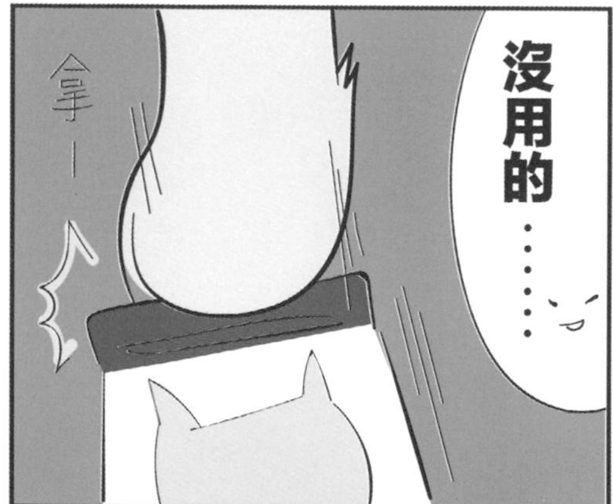
沒用的……
拿——

不過值得慶幸的是，在大家看到本書的現在，三腳的口炎已經完全痊癒，不必再吃藥囉！

嚕嚕的選擇

嚕嚕很喜歡靠在人
旁邊取暖或討拍。
（有時候會重壓。）
呼——嚕——

嚕嚕好可愛……
有點重就是了！
重！

嗨！嚕嚕我來了！
開門

!!

嚕嚕你……該不會想
要離我而去吧？

我們一直在想，嚕嚕喜歡志銘的原因，該不會是因為志銘肉肉的肚子比較好踏踏吧！

跨年的貓咪

又到了一年的尾聲了。
12/31
2020
12 DEC.
一 二 三 四 五 六 日
十二月三十一日，
奴才出門去跨年。
待在家的貓咪們，
會怎麼跨年呢？
Z
Z
舔
舔
舔

滴答

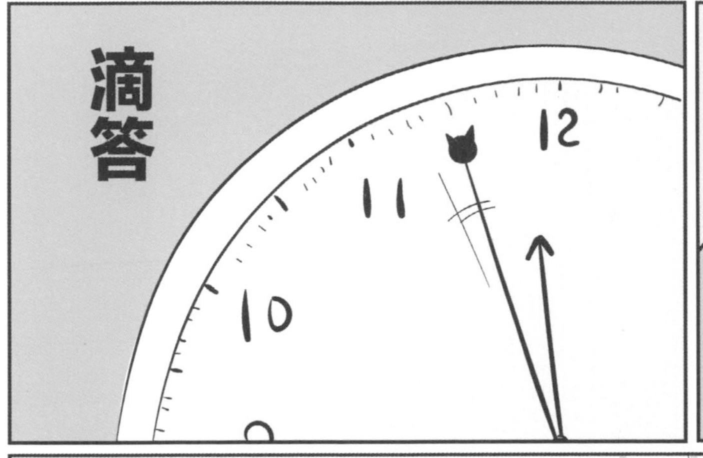
滴答

滴答

滴答
滴答
滴答
滴答

……？
叮叮！
12
對他們來說，就是一個平凡的一天。
伸展
趴得手都痠了……
悄悄的又過了一年，後宮們依舊平靜的生活著，希望明年也平靜安穩哦！
…
??
Z
Z
Z

其實貓咪們真的不在乎人類的這些節日的，所以除了生日之外，我們也不太會特別為了他們過什麼節，認真想來，這些慶祝活動大多是我們自己在慶祝，慶祝這些貓咪主子又平平安安長大了一歲，也默默趁著這些歡慶，來祝福他們的未來一年都繼續健康快樂。

NO. 2

我家的貓好厲害

阿瑪的功能

完成！
阿瑪手機架！

其實不只是阿瑪啦，像是嚕嚕、三腳，這種比較「穩重」的貓咪，也都能有這種功能唷！

三腳的探險

怎……怎麼進不去？

三腳就這樣卡在洞口，定格五分鐘。

貓咪常常會有這種可愛的舉動呢！把頭埋進某個空間，卻讓整個後半身都暴露在外頭，看起來像是原本想躲起來，卻因為身材等種種原因，而無法完全躲好，只好呈現出一種「唉呀不然就算了」的鴕鳥心態，或許這種阿Q樂天精神，也是唯有幸福家貓才能擁有的特權吧！

看遠方的招弟

招弟個性有點自我，
常常對人愛理不理。

招弟！招弟！
但我們還是很愛叫喚她，看看她的反應。

看

她看我了欸！難得有回應呢！
……

嗯？妳在看什麼？
飄

那邊有什麼東西嗎？

……

什麼……都沒有啊。

沒事啦，真的什麼事都沒有的……招弟乖，招弟乖，招弟……妳不要再看那邊了啦！（接近崩潰）

小花的怪癖

小花已經一歲了，體型越來越大之外……
Hi～
超大
最近還有一件頗為奇怪的怪癖。

設計室的門
……

開門！我要進去……

通常一聽到她在叫，都會立馬幫她開門。
衝

小花又進來了……

……

開門！
我要出去了！

但她總待不到幾分鐘就會要求出去。
飛奔
可怕的事情並不只如此……

呃……

她好像還站在門口……

我要進去！
開門！開門！
開門！開門！
開門！開門！
開門！開門！

整日進出設計室的次數，難以計算。
她不是才剛出去……
今天進出第87次了。
她到底想要幹嘛……
不讓她進出，就會在門口大吼大叫。
究竟，她瘋狂進出的目的是什麼呢？
三位受害者
翰翰
文文
狸貓

沒有主見卻又朝令夕改，大概就是像小花這樣的貓咪吧！其實這種時候，她根本拿不定主意，也不確定自己究竟想不想進房間，可能她覺得這兩個抉擇各自有優缺點，卻又始終無法下定決心。

浣腸的進化

浣腸自從抱抱訓練後，
就異常迷戀狸貓。
來，抱抱喔！
但每次狸貓離開
那間房間時……
浣腸晚安喔！
走了……
他怎麼可以離我而去……
怎麼可以只抱一下下……
是不是又去找誰睡了……
狸貓……
狸貓……
狸貓……
狸貓……
狸貓……
狸貓……
狸貓……
狸貓……

咔嚓

經過浣腸上萬次的反覆練習後，現在已經練就能輕易跳躍開門的技能了。

咦！浣腸你怎麼在這裡！啊啊啊啊……

抱抱！

結果浣腸逃家後，直奔臥室尋找狸貓，含情脈脈望著他直到天亮。

聽說外面世界的貓咪們，滿多都有「開門」這項本領的，不過在後宮裡，這可是空前的特殊能力呢！

浣腸的一切本能，都因狸貓而激發。

柚子的拍屁神器

最近柚子對於奴才拍屁屁的技術，要求越來越嚴格了。
抖
抖

你拍太大力了！

太小力了！
沒吃飯嗎？

拍太快了！
不要邊滑手機邊拍！給我專心！

真是的，連個屁股都拍不好，當什麼奴才！
擔憂啊……
唉！

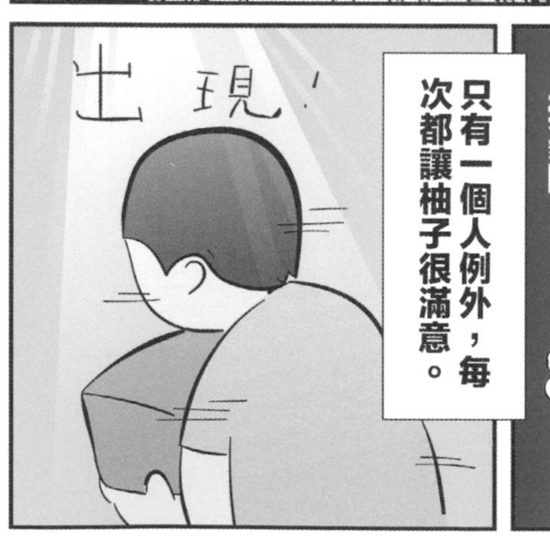
只有一個人例外，每次都讓柚子很滿意。
出現！

他來了！
這是小幫手柏柏，不會每天都進後宮，但有時候會來一起吃晚餐，柚子總是期待又興奮，目光離不開他。
你又要找我啊？
快！
快！
快！
好吧……你要準備好喔！屁股給我翹起來！
靠近

等速同力拍屁法！
喔啦喔啦喔啦！
喔啦喔啦喔啦！
啊啊啊啊啊啊！
啊啊啊啊好爽啊！
啪
啪
均等速度，同樣力道，再加上稍肉的手掌，就是柚子的拍屁神器。

在柚子心中有一本拍屁屁功力紀錄的小冊子，很多人可能都只能算是及格，唯獨柏柏小幫手能超越眾人，至今仍立於不敗之地。

搜可史消失了

每次剛進搜搜房間時，她都會不停的說話……
嗨搜！

你來了啊！要摸我？
要放飯了？想摸我？進來要關門喔！
瘋狂跟人對話。

等我一下，我等等再去摸妳喔……
衛生紙快沒了…

我好囉！

欸……

搜……？妳在哪？

我……剛剛是看到幻覺嗎？

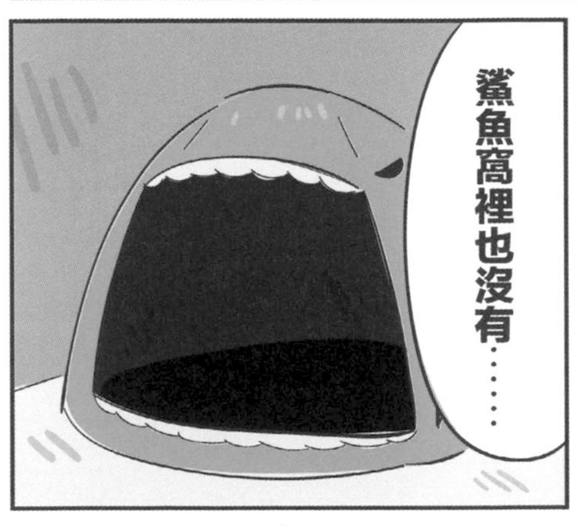

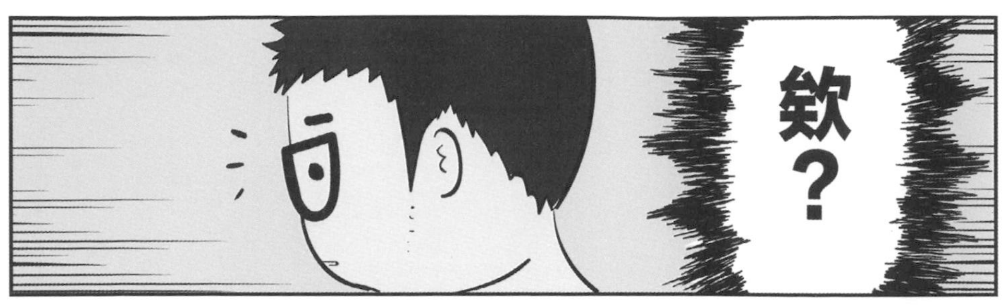

找……找到妳了。

你找我？

因為搜搜打完招呼後，就會安靜不出聲或迅速換位置，再加上她的毛色，所以她常常會處於失蹤狀態。

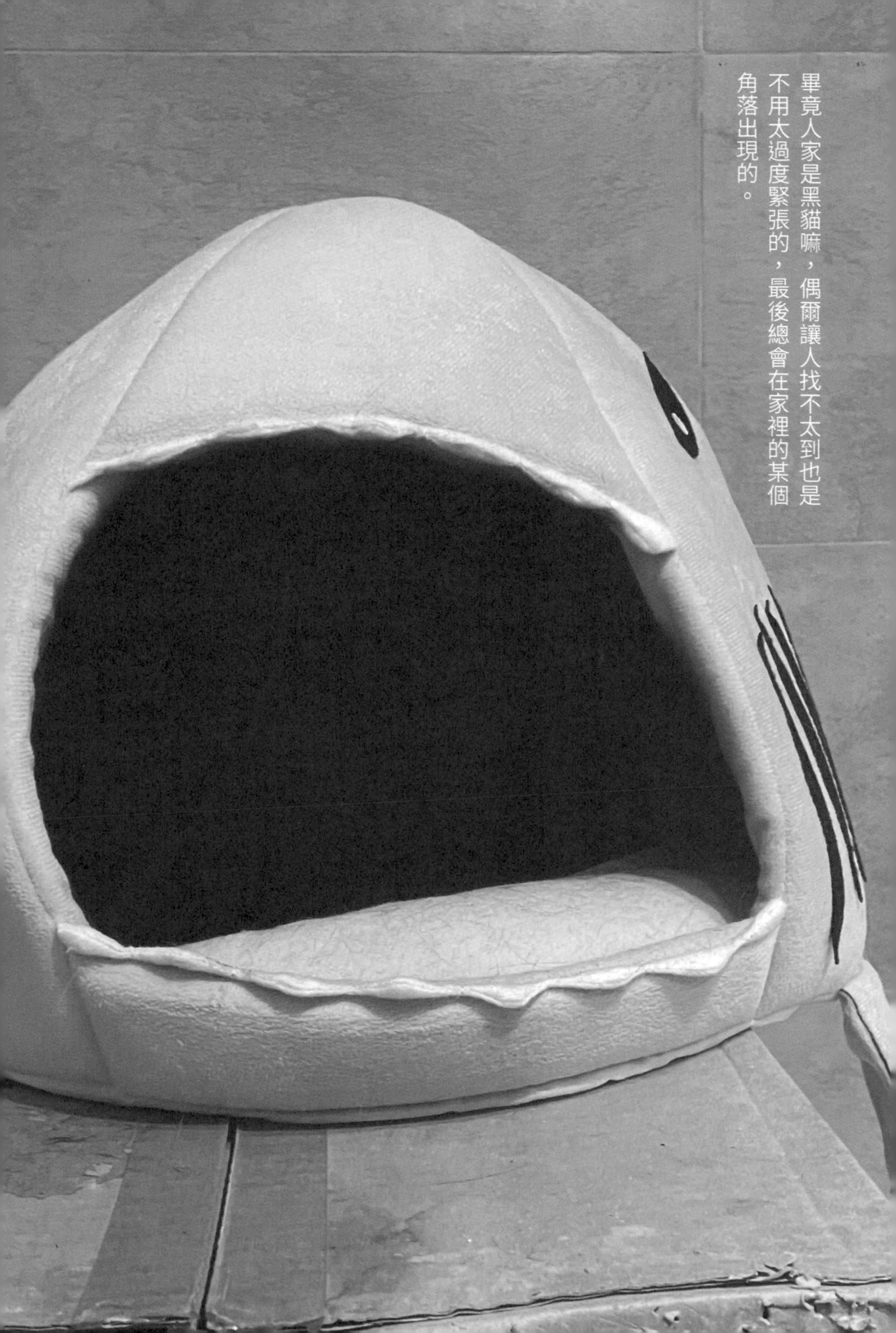

畢竟人家是黑貓嘛，偶爾讓人找不太到也是不用太過度緊張的，最後總會在家裡的某個角落出現的。

嚕嚕的撒嬌

Hi～
嚕～
嚕嚕的撒嬌方式大概分為以下幾種……

嚕嚕應該是全後宮中，最愛撒嬌的貓咪。

嗯……想摸摸啊？
「黏著你的手」式：把頭緊緊靠在人類的手旁邊，逼人摸摸他。

「踩破你肚子」式：這是最撒嬌的極致狀態，他不停用雙手踩踏人的肚子，是練腹肌的完美神器。
好痛……
嚕嚕……小力點……

「裝可憐」式：通常發生在看不到人的時候，他會瘋狂哭喊，直到有人進來陪他。

人~呢~
怎~麼~沒~人~

嚕嚕我來了！
不要再叫了！

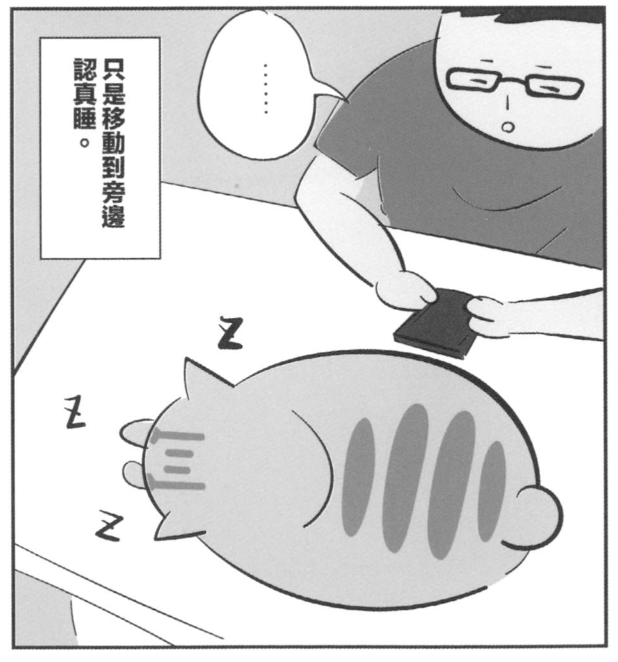

「眼神哀求」式：在你要離開房間的時候，緊緊盯著你看。
什麼？你說表情沒變？但這個眼神就是嚕撒嬌的眼神。（凶凶眼神撒嬌法。）
啊……嚕嚕……
你這樣看我，我怎麼捨得走！
嚕嚕的撒嬌……很厲害。
羞

如果要以親人程度來為後宮貓咪分類，嚕嚕、三腳、Socles 三貓可算是「極致需要人」的組別，他們無時無刻散發出一種需要人的氣場，只要任何人出現在同一個空間，他們就會馬上直奔到眼前，讓人忍不住想多停留在他們身邊，尤其是嚕嚕，就連看不到人的時候，他也會試圖放聲吶喊，想要把我們召喚進去。

NO. 3

奴才終於瘋了

在第二後宮時期，嚕嚕跟浣腸超常吵架，可能日有所思夜有所夢，某天狸貓的夢裡便出現了這樣的畫面了。

吸貓

許多人應該都聽過一個名詞「吸貓」。
http:// www.fumean
為何人類沈迷吸貓？
貓咪到底有什麼味道？
20200807
好香
朕很香？
貓咪雖然常年不洗澡，但身上總是會有一股非常特殊的體味。
許多奴才會瘋狂迷戀這種氣味，愛把臉埋在自家主子身上，吸取這種香味。
吸
吸
吸
貼這麼近……好變態。

好……好香啊！
是蜂蜜蛋糕的味道！
還有抹茶味……

興奮—

據說還有爆米花味、曬過的棉被味、奶香味，都是屬於鮮甜的味道。

我的臉……

開始發紅了？
如果是容易過敏的人，貼著貓毛太近，不用幾分鐘，皮膚就會開始發紅。

好癢啊！
抓抓

呵……愛吸……
但吸貓還是必須的，過敏根本不算什麼。

貓咪身體散發出來的香味，可算是世上最不可思議的事之一了，就算像是後宮這樣幾乎都沒洗過澡的貓咪，身體也都不會有臭味，取而代之的，反而是一股清新溫潤的香氣。

不過每隻貓咪的香味都略為不同，最常見的就是「曬過太陽的棉被」味，或是各式各樣的甜食氣味，別只是聽我們這些養貓人在說，大家不妨下次遇見貓咪時，也偷偷吸吸看，分辨他們的味道是屬於哪一種吧！

怪癖

晚上，阿瑪偶爾會壓在狸貓腳上睡覺。
Z Z

Z Z Z
阿瑪整隻壓在胯下……
好可愛！

抖
但我好想上廁所……快要忍不住了！

晃動 晃動
奴才在那邊動什麼動……

……
晃動…

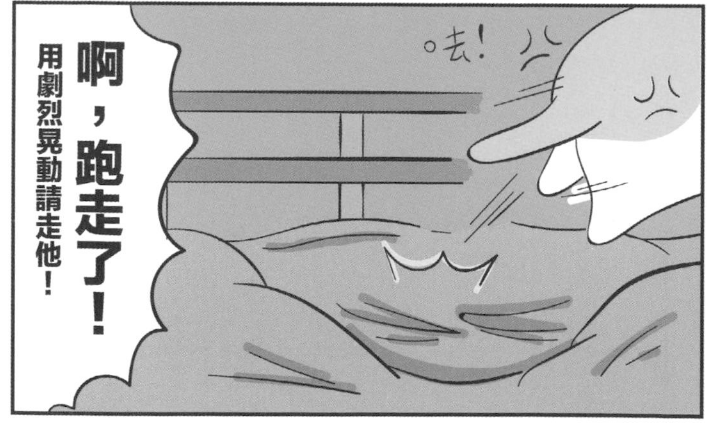

啊，跑走了！
用劇烈晃動請走他！
呿！

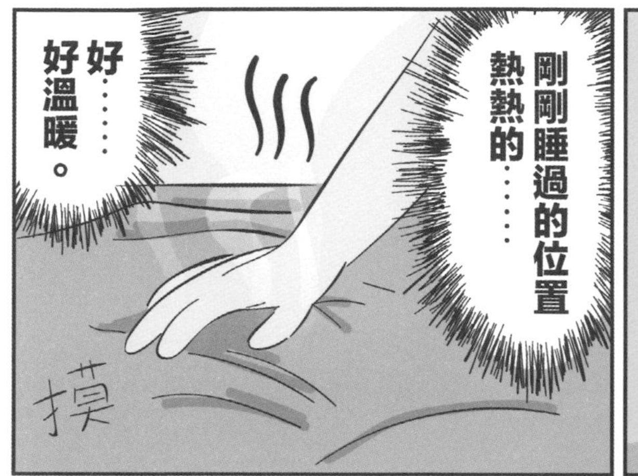

愛貓成癡的人類們，偶爾有這種失心瘋的舉動，希望貓貓們別見怪。

柚子的小柚子

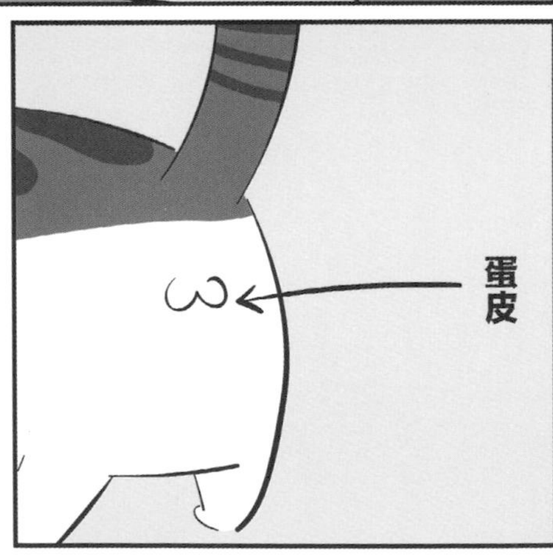

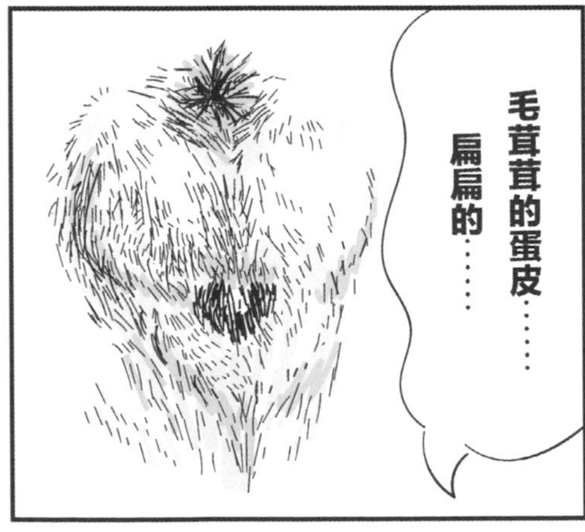

毛毛的一定很軟……
想……想摸摸看……
啊—
啊—

啊啊……
啊啊啊啊啊啊！

貓貓健康教育

公貓會有蛋皮，是因為他們結紮取出蛋蛋後，剩下來的皮會塌塌的，因此被戲稱為蛋皮。而在蛋皮的前後，分別是貓咪的生殖器官和排泄器官。

而結紮是每隻貓都建議要做的喔，不但可以避免不必要的生育，還能避免貓咪因發情產生的各種不適狀況，如果是母貓的話，還能避免生殖系統產生的病變。

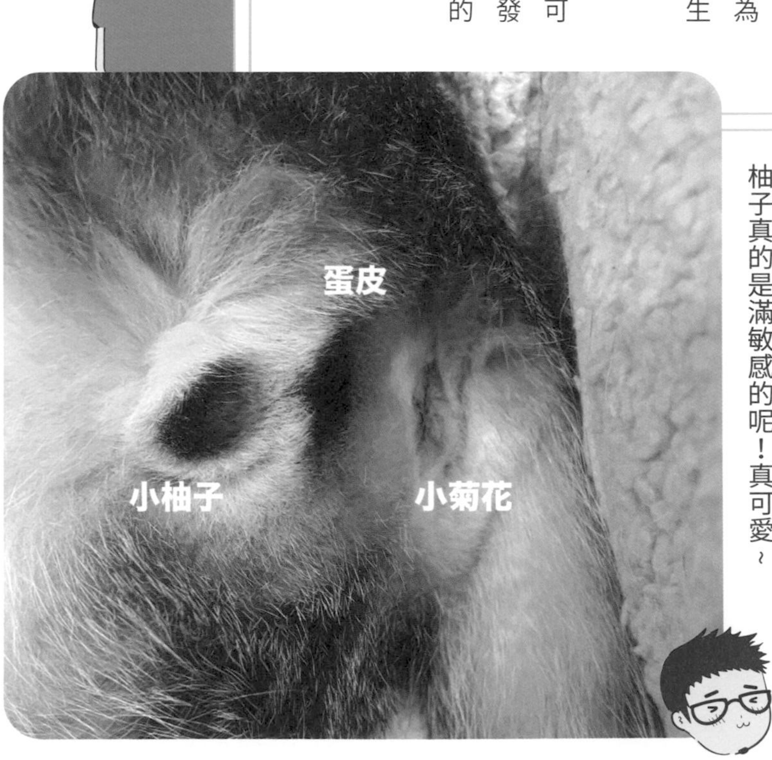

柚子真的是滿敏感的呢！真可愛~

（天啊！這句話也好變態！）

NO. 4

尋找灰胖之旅

啟程

欸?這是誰?耳朵好長,應該不是貓咪!
灰色的動物……
好眼熟喔……
啊!這是灰胖!朕以前的兔子室友,他很愛生氣!
咦,怎麼突然不見了?他剛剛不是還在吃草嗎?
灰胖?

欸欸……你去哪啦？
欸欸！
回話啊！
阿瑪！
阿瑪……
阿瑪你睡過去一點！
……？
左看右看
差點擠死我。

是夢……
又夢到灰胖……
怎麼最近一直夢到他？
明明他已經消失好幾年了啊……

以前灰胖總愛咬朕的屁股……
真是沒大沒小！
啊啊啊

不過……
這夢讓朕想起來……
灰胖現在到底跑去哪了？

是迷路了嗎？
還是被誰欺負了？

啊啊啊
該不會被吃掉了吧！

吸——氣

大家快點起床！
朕有重要的事情！
快點集合！

你好吵喔！大清早的……
又要幹嘛了？
又要運動了嗎？我現在正在運動……
是要跟你打一架嗎？

我們出門去找灰胖吧！
一隻灰色的兔子！
他是朕的朋友！
灰胖是誰？
胖灰？
竟然要出門？
我們是貓欸！
別問那麼多，
趕快準備行李！
於是八隻貓準備踏上
尋找灰胖的旅程，究
竟灰胖去了哪裡呢？

僅以《尋找灰胖之旅》
紀念已經離開我們好多年的灰胖。

那隻陪著我們走過大學時光，陪著阿瑪一起融入人類家庭的灰色迷你兔，平常脾氣不怎麼好，但冷冷的冬天時，還是願意收留跑進他籠子想要窩著一起睡的阿瑪。

灰胖每天都吃很多的草，每天玩耍、發呆、喝水、吃點心、咬阿瑪屁屁，還有生氣……這一切都數年如一日，每天都像是在無所事事的過生活，卻不知不覺在我們心裡刻下如此深刻的痕跡，最終在我們毫無準備的情況下，離開了我們的世界。

「那就來個正式的告別吧！」
於是這篇漫畫就這麼誕生了……

上車

搜可史平常喜歡閱讀增廣見聞，得知要去尋找灰胖後，她提出了一個建議。
聽說有個地底隧道，那邊有很多貓咪和兔子會去！
而且裡面有車，進入後能夠通往各種地方……

說不定……灰胖就是從那裡出發去某個地方了！

於是一行貓聽從搜可史的建議，來到了地底隧道。
Go! Go!

地底隧道裡塞滿了旅客，大家紛紛往車上走，這熱鬧景象嚇到八貓們了！
吵——鬧
好……好擠的感覺。
好多兔子跟貓喔！
那現在這樣怎麼找？

不然我們也直接上車好了！看看車會去哪裡……
這麼隨便？

會不會我們也迷路……
樂天
走走走……
走走走……

因為旅客太多，大家只好被迫分散坐了，還好招弟與阿瑪靠得近，才沒被分開。
哇……在動了欸！

……
欸，阿瑪。

嗯？

你為什麼突然想找灰胖啊？你跟他有這麼好嗎？
MISSING!!

嗯……因為不知道哪一天，他就突然不見了啊。
突然就消失欸！

雖然我們是不同種族，但朕跟他有些共同經歷的回憶。
真不想回想～

像是因為身上沾到他的尿，被強迫一起洗澡之類的。
啊啊啊啊啊啊
這……太恐怖了！

或是不小心睡著時壓到他，他一生氣就往朕的屁股咬好幾口……
痛啊啊啊啊
還好沒被壓死……你們還會一起睡哦？

偶爾會啊，但後來怕被咬，朕就比較少找他睡了！

怎麼了？
沒……沒事。

哇……出隧道了！

啊，好亮！

哇，好漂亮的風景喔！
還有水從山上流下來耶！

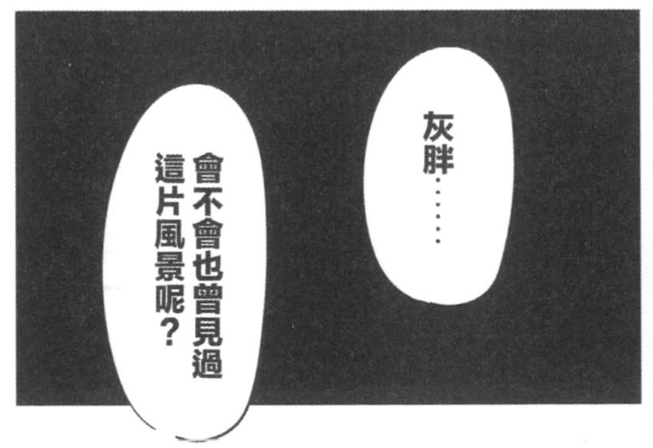
灰胖……
會不會也曾見過這片風景呢？

喀卡 喀達 喀卡 喀達
列車即將抵達終點站，請各位旅客準備下車。
咦？那個是？
來來來來！
各位準備下車囉！

泡湯

冒著蒸氣的水？
你們看！那是什麼？
臉紅紅的動物？
我知道！我在書上看過，那是猴子！
最喜歡的食物好像是香蕉！
?!
猴子？
什麼猴子？我們才不是猴子！
而且我們只愛喝酒！不吃香蕉的！
我們最討厭被誤會了！
……
……
……
起一身
哼，看你們的樣子，應該是第一次來吧！

這裡可是全世界最特別的溫泉……
酒池溫泉！

溫泉就是酒，想喝多少就舀多少！

非常多旅客會來這裡享受和喝酒喔！

你們也可以一起喝喔！
第一次來不收費！

！

不，我們不是來玩的，我們是要來找一隻灰色兔子的！

各位，我們趕快找看看這裡有沒有灰胖！

你們……
怎麼都下去啦！
好酥胡……
阿瑪也下來嘛！
真的是酒欸……
好好喝……
竟然還有猴子幫你們洗澡！
妳也太爽了吧！
真讓人羨慕……不，朕沒有羨慕！
你……你們這群不正經的傢伙！
朕要趕快去找灰胖了！

嘖！結果朕也跟他們一樣不正經了。
這酒泉味道也太濃了……

哈哈哈很舒服吧？你也喝一口酒吧。

這可是酒泉山盛產的濃醇湯酒，濃度非常高……
但別擔心會醉，它的特色就是……又濃又不會醉的喔！

謝謝！想問一下，你們有看過一隻灰色的兔子嗎？
給

灰色的兔子？

哇好濃喔……
對，全灰的那種。

我們這邊太多客人啦！什麼顏色的兔子都有，不過全身灰色的，好像比較少看到呢……
倒是比較常看到……

什麼意……思?

啊……

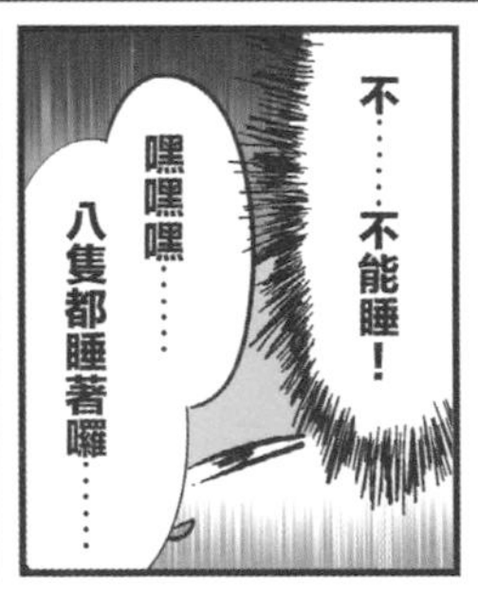

酒池溫泉
大推湯酒

糟糕

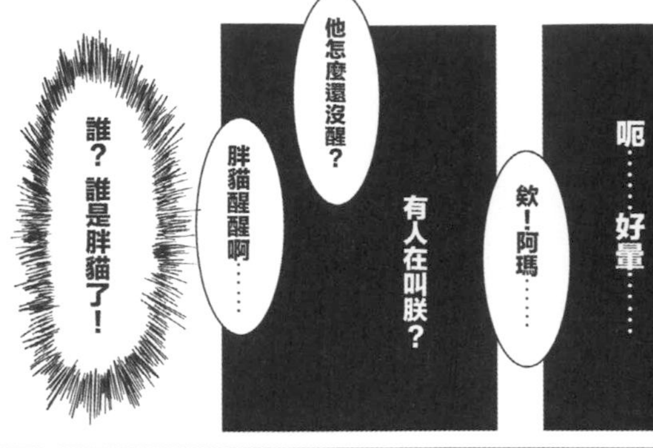
呃……好暈……
欸！阿瑪……
有人在叫朕？
他怎麼還沒醒？
胖貓醒醒啊……
誰？誰是胖貓了！

嗚……

阿瑪你終於醒了！
這……這是哪裡？好多花喔……

我們也剛醒來，才發現已經不在溫泉那了……
不知道為什麼會在這裡醒來……

給

酒……

是酒！
酒有問題！
我們都喝了酒才暈倒的！

什……
什麼？

我們……是不是被侵犯了？
嗚嗚嗚！
你們被害妄想喔……
啊啊啊啊啊啊我被迷暈了啊啊啊！
暈暈的感覺……
好舒服喔……
你們兩個還在醉啊……
大家先檢查看看有沒有哪裡不對勁的吧……
咦？
包包呢？
該不會……
被偷了！

死猴子……竟敢偷
我們的包包！
我的也不見了！
我的也是！
被偷又被暈！

阿瑪那包有食物吧！
你竟然弄丟了？

你的不是也不見了？
少在那邊找架吵！
我那包食物又
沒有你的多！

你貪吃鬼！
難怪那麼胖！
你去照鏡
子啦！
……

住口！不要吵了！
你們要吵的對象應
該是猴子才對吧？

…

沒錯！
要去找猴子算帳！
呼
呼
呼
呼
對！死猴子！
啊？所以不找灰胖了？

……

灰胖也要繼續找啊！
但被偷走的東西也要
拿回來吧！
發言
可是……
那個……

我的地圖放在包包裡，但現在包包不見了……
所以現在我也不知道該往哪裡走了……
……
（傻眼）
完蛋了……
這樣連灰胖都不用找了……
啊……哈……
我這邊有一張地圖欸！
什麼！
MAP
小花妳手上的只是白紙吧哈哈！
哈哈哈真的嗎？那我把它撕破好了呵呵呵呵呵！
你們住手！

你們看啊啊啊！

這是酒池溫泉的周邊地圖啊！

喔喔喔喔喔喔喔！

向日葵公園

四季樹海火車

球球花園

酒池溫泉

百河之濱

獲得溫泉周邊的地圖後，八貓除了去找猴子算帳，也能重啟尋找灰胖的旅程了！

球球花園
酒池溫泉
大推湯酒

尋仇

想要回到酒池溫泉，需要跨越這裡、向日葵花園、百河之濱……

還要坐火車才能抵達溫泉……

欸……那個……阿瑪你可以不要靠我這麼近嗎？太近我會想尖叫！
……朕是在看地圖又沒有弄妳。

要跨越好多地方，感覺好遠喔……
嗯……
對啊……

大家不要拖拖拉拉！出發吧！目標是猴子還有灰胖啊！

在阿瑪的脅迫下，一行貓立馬出發，首先要越過目前的所在地──球球花園。
這裡充滿圓滾滾、五顏六色的花朵，以及到處都有別人留下看起來很美味的野餐及食物。

他們花了些時間，甚至在球球花園耐著飢餓，不吃來路不明的陌生食物，總算來到向日葵公園。
啊
啊
啊
走了！
不可以吃

滿滿的向日葵花田，幅員遼闊，一不小心就會失去方向感，還好一旁有路線明確的遊園車。

費了一番工夫，勉強和天竺鼠乘客一起擠上了限乘四位的公園遊園車。

穿越了向日葵花園後，他們終於來到了……

百河之濱。
這裡的沙灘奇特，退潮時會出現多條小河的形狀，因而得名。
原來海是藍色的！
哇……是海欸！
水裡面會不會有海怪……
這裡不是尼斯湖啦……
而且是水怪。
這裡有前往溫泉的跨海火車站，所以才會有這麼多遊客……
MAP
這裡還有個傳說，在此收集自己年齡數的星砂……

兔子不是食物
食物
FREE

就可以許願喔！
……
欸……
有聽到我說話嗎？
大家……
那邊有食物試吃欸！

不要吃陌生食物，
小心又上當啦！

不會啦，這邊好多遊客都有吃，應該可以放心啦！
啊，我不要胡蘿蔔，
我又不是兔子……

這顆綠色的球，是西瓜？
不知道這裡有沒有酒？
猴子會不會出現在這裡呢？
正當大家都在各自探索時，
阿瑪走到了沙灘旁……

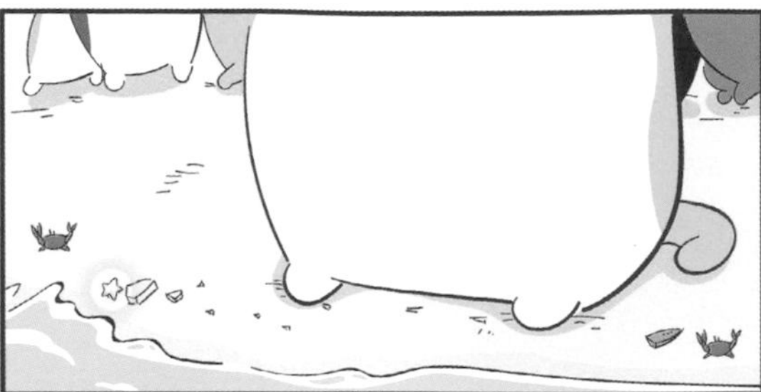

收集星砂，就可以許願嗎？

向日葵公園
球球花園
酒池溫泉
大推湯酒
百河之濱

在海邊通常都要幹嘛啊？
?
Go! Go!
一定要堆沙雕啊！我們來堆灰胖！
可是我們又沒看過灰胖……
能堆出來嗎……？
堆好了！
原來灰胖長這樣啊！
滿大隻的欸！
灰胖絕對不是長這樣。
嚕嚕加油！
喝！
揮棒落空！
挑戰失敗！
要再挑戰一次嗎？
嗯……希望……
閉……

可以找到灰胖……

!?

阿瑪？
剛剛怎了？
是吃太多爆炸了嗎？

妳才吃太多！
朕沒事，是這個啦！

剛剛發亮的是……
這個瓶子。
……？
星砂瓶？

你收集星砂？
阿瑪……收集星砂？

堂堂的阿瑪竟然去收集星砂？
哈哈哈哈哈哈哈哈
哈哈哈哈哈哈哈哈
笑笑
廢話少說！
朕只是好奇而已！

為什麼阿瑪的會發光？
我的沒有欸……
你們……

不要吵架！
你們又在吵架了！
你們是不是又忘記
我們來這的目的？
還在吵架浪費時間？
三腳……
妳……
妳有資格說我們嗎？
妳在沙堆裡可以找灰胖？
我等等就起來了……
火車進站中，請旅客
不要靠近月台邊……
哇喔……
欸大家看！
那那那那個是……

是猴子嗎？
他們身上是……？
他們背著我們的包包……
那就是……
是猴子啊！
去抓猴！
衝啊啊啊啊！
欸等等我啦……
站住！
不要讓他們逃跑了！

向日葵公園
四季樹海火車
酒池溫泉
大推湯酒
球球花園
百河之濱

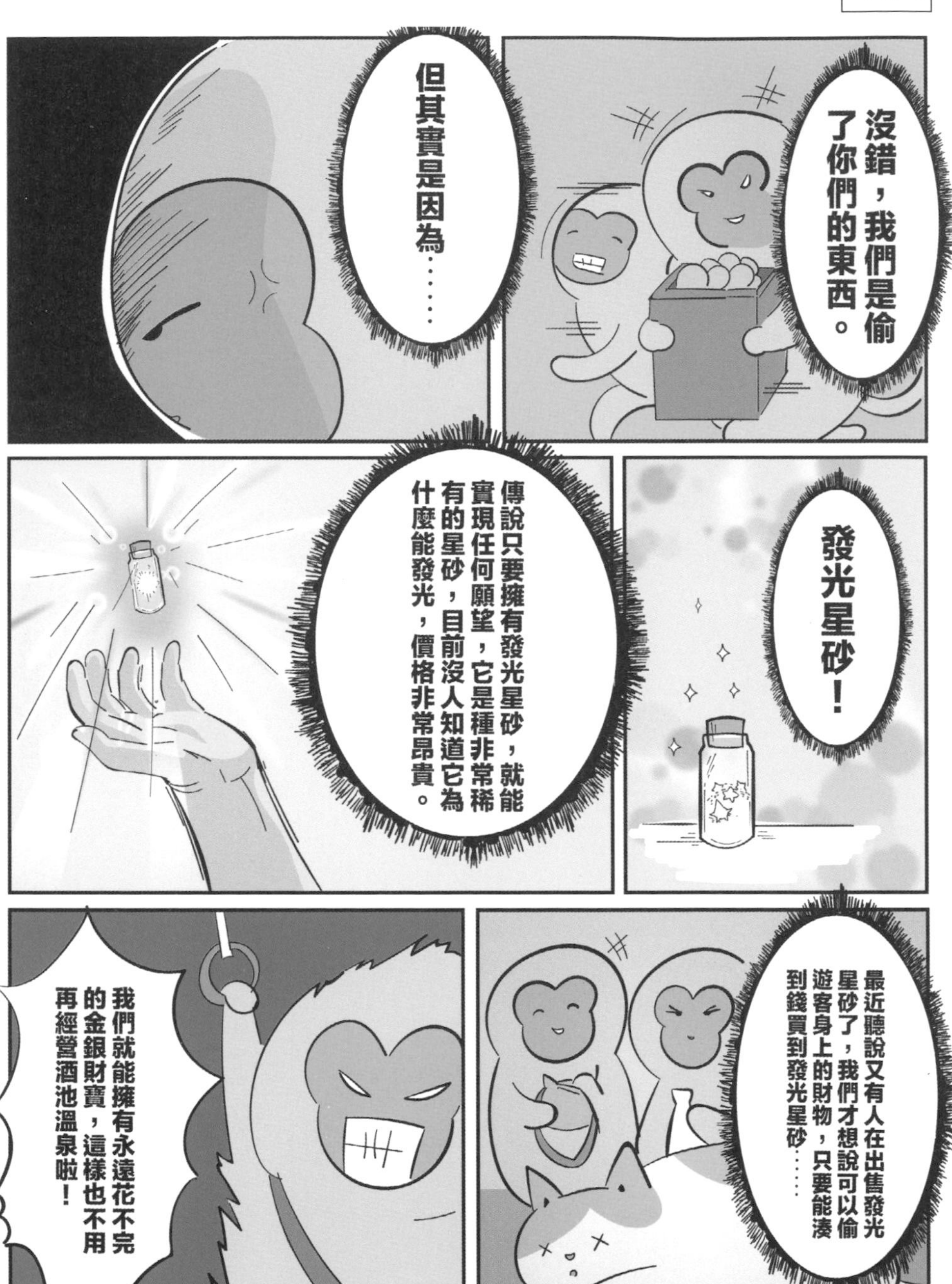
沒錯，我們是偷了你們的東西。
但其實是因為……
發光星砂！
傳說只要擁有發光星砂，就能實現任何願望，它是種非常稀有的星砂，目前沒人知道它為什麼能發光，價格非常昂貴。
最近聽說又有人在出售發光星砂了，我們才想說可以偷遊客身上的財物，只要能湊到錢買到發光星砂……
我們就能擁有永遠花不完的金銀財寶，這樣也不用再經營酒池溫泉啦！

但沒想到你們的包包……裡面都只是食物而已啊！
我這袋都是貓飼料！
我這袋是罐頭！
這袋是空的……

不過我們還是不會把包包還給你們的！這邊的地形很利於我們攀爬，你們是捉不到我們的。

哈哈哈，這群笨貓，你們死了這條心吧！

喘
喘
呼……速度真快……

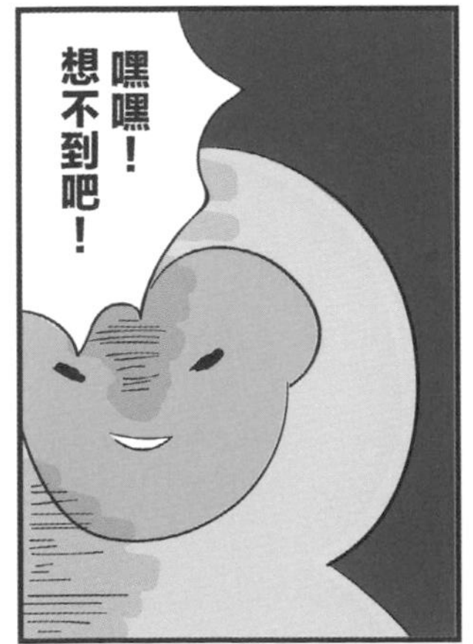
嘿嘿！想不到吧！

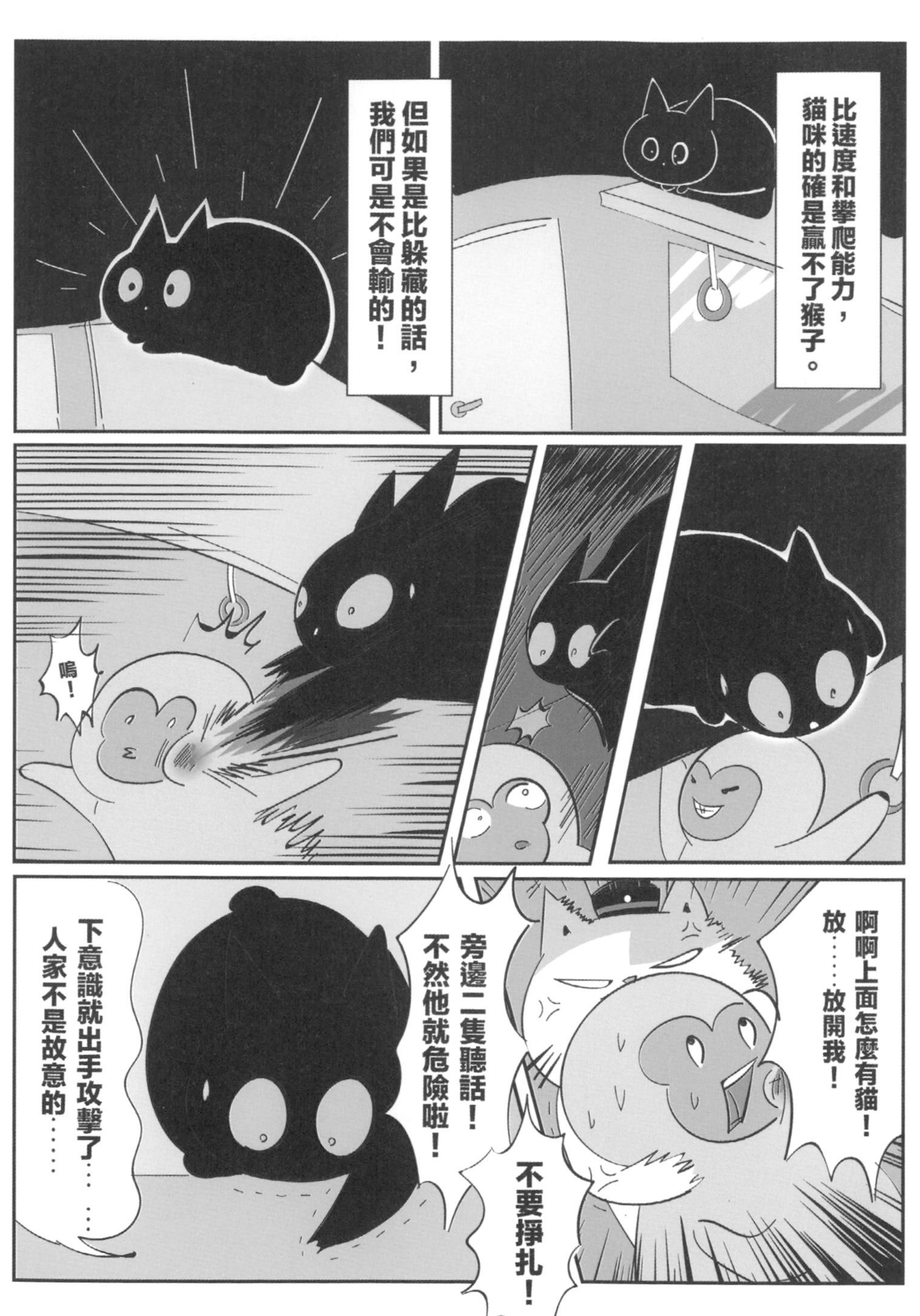
比速度和攀爬能力，貓咪的確是贏不了猴子。
但如果是比躲藏的話，我們可是不會輸的！
嗚！
啊啊上面怎麼有貓！放……放開我！
旁邊二隻聽話！不然他就危險啦！
不要掙扎！
下意識就出手攻擊了……人家不是故意的……

原本阿瑪要我跟著他，但我不想離他太近，才會從最後這節車廂進來……
進來之後，就看到他們在打架，超級可怕，我只好躲起來，沒想到他們又突然出現在我面前，我一時緊張才出手攻擊的……
其實我快嚇死了……

搜可史妳好厲害，原來妳不走在朕的後面！是算計過的嗎？
欸……這個……
被捕獲了。

應該算吧……先檢查包包吧！
對！包包！

看起來是沒少什麼東西……
我的也正常！

拿走吧……裡面也只有食物……而且又不好吃。
呵～

對了，那要怎麼用發光星砂許願啊？

欸……他怎麼會知道條件的事？在打架時我只是在腦中想而已，並沒有說出口吧……而且他又沒發光星砂，問這個問題想幹嘛？

有喔，朕有發光星砂，而且你從剛剛就一直在邊跑邊碎碎念，看起來超詭異的。
發光星砂呢……若要實現呵呵……還有一個條件呵。
……
對……你剛剛都一直在自言自語……
好丟臉！好丟臉！
來，說吧！
不然的話……
交出你的腋下……
呃……
快說！
啊……不要！
受不了了吧？
啊……
好癢……
啊……
呼……呼……我說……我說……
經過了嚴刑逼問，猴子終於吐露關於發光星砂的相關情報。

星砂會發光，代表願望快要實現了，但猴子又說，還需要另一個條件，才能起作用。

發光星砂要受到月光的照射，才能夠召喚出實現願望的妖精，進而向祂許願。

而在這附近又能照到充足月光的地方，就只有火車的終點站「熱氣球露營地」了……

聽說什麼願望都能夠實現，想要金錢、地位都可以，只要成功，這輩子就不用煩惱啦！

在得到情報後的阿瑪，決定原諒猴子，不跟他們計較。
阿瑪……這麼簡單就放他們走？
……
快走……快走！不要再讓朕遇到你們！
為什麼放他們喔……？
一方面是東西都拿回來啦！
另一方面是……朕覺得他們很可憐。
他們在意的願望，都跟錢財有關。
？
這個世界上，不是只有追求錢財這件事情吧？
應該還有許多更值得實現，但都沒辦法實現的願望。
例如絕對吃不完的食物嗎？
嗯這個不錯！
下一站，熱氣球露營地。
熱氣球露營地
於是一行貓繼續搭著火車，往末站「熱氣球露營地」前進，究竟阿瑪能否順利達成願望，找到好久不見的灰胖呢？

球球花園
向日葵公園
四季樹海火車
酒池溫泉
大推湯酒
百河之濱
熱氣球露營地

許願

順利抵達熱氣球營地後，因天色還早，大家邊搭帳篷邊等待月光。

竟然有這種地方，要露宿野外，還要自己搭帳篷和升火煮飯。

現在很流行這樣喔，大家喜歡置身在野外，把自己弄得很辛苦，感受這種原始的氛圍……
嘿咻！
嘿咻！
好像是一種紓壓的方式！

吼！而且我們還是聽從小偷的建議才來這的……真是氣死我了……
啊啊啊啊！又熱又累！

嗯……

阿瑪，你想許什麼願望啊？

嗯……

希望我們能找到灰胖啊！

阿瑪……
不要在那邊發呆！
趕快動起來！
重擊。
好啦好啦！
好凶……
來來來！食材
拿來了……

好漂亮喔……
一閃一閃的……
這就是星星嗎？
哼……

聽說星星上面也住著
其他生命喔……
這麼厲害！

哇……
看到月亮了……

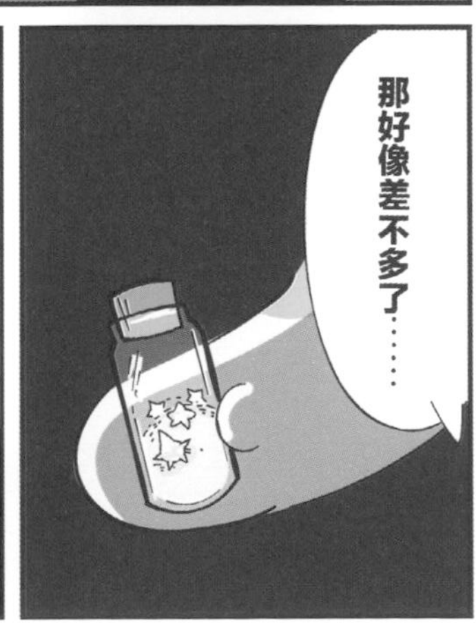
那好像差不多了……

接下來就是許願……

哼！你真的相信那個
猴子的話喔！笨貓！

ㄇpupu
嚕嚕你……

你是什麼意思？
這到底有什麼好生氣的？

相信一個小偷的話！
不覺得很奇怪嗎？

我們大老遠跟著你出門！
被偷就算了，現在你還要聽
信小偷的話，來到這偏僻的
山上搭帳篷睡覺？弄得大家
都這麼累！

……

嚕嚕不要生氣啦……
反正也是好玩啦……
那……

那不然你有更
好的辦法嗎？

沒……
沒有啊！

那就試試看啊！
如果真的沒用的話，
我們就回家！
就不要找灰胖了！

什麼？不找了？
蛤？

不找就不找啊！
講那什麼話！
情緒勒索喔？

嚕嚕爆炸了……
好啦……不要吵架啦。
試試看也沒關係嘛！

哼……臭嚕嚕。
出一張嘴……

啪嚓

嗯？

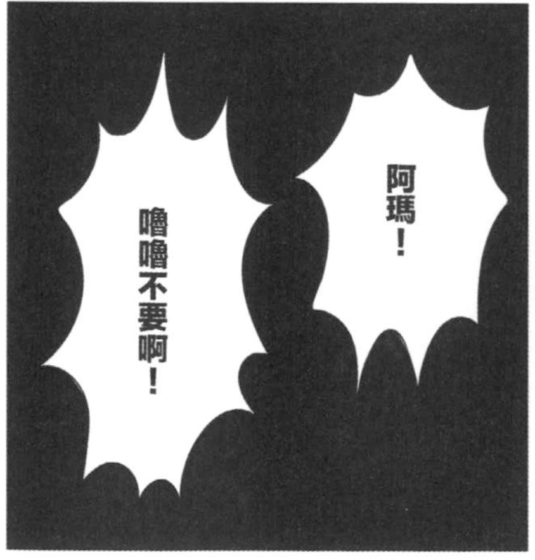
阿瑪！
嚕嚕不要啊！

阿……阿瑪？

阿瑪？阿瑪沒事吧？

阿瑪……
阿瑪醒醒……
朕……朕怎麼了？
朕在天上……？

那個是什麼……？
是光？

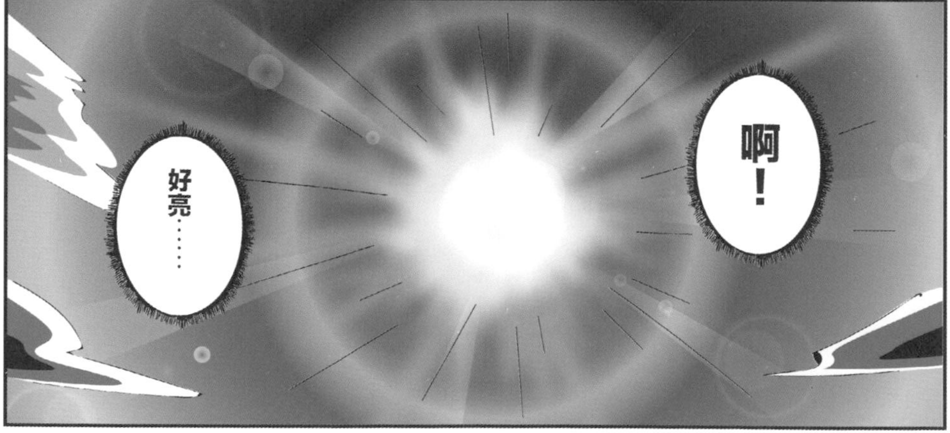
啊！
好亮……

變溫暖了……
啊……這是……哪裡？
嗨，阿瑪！好久不見！

遇見

你知道朕找你很久嗎？
這裡是哪裡？你怎麼會在這裡？

啊啊啊啊啊啊啊！
你剛剛說的連線又是什麼？

會客室……
審核願望……

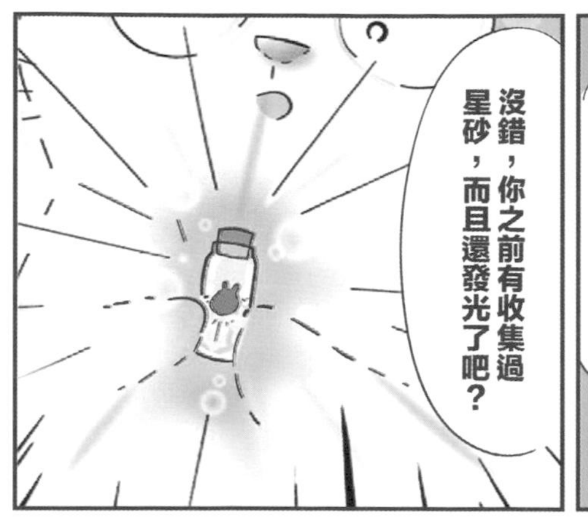
沒錯，你之前有收集過星砂，而且還發光了吧？

對啊……但什麼事也沒發生啊！

那是第一個條件，真心誠意許下願望，瓶子才會發光！

喔……

但如果是為了名利、財富而許的願望，是不會發光的喔！

還有，來到這裡的
另一個條件……

就是……
非自主性失去意識。

蛤？那是什麼？

睡覺打瞌睡那種都不算喔，
比較常見的觸發通常是受到
嚴重的撞擊之類……

是嚕嚕！
嚕嚕打超大力！

啊啊！

喔～
你喔什麼喔！
很痛欸……

不過總算見到你了，
那……

我們一起回家吧！
我們可以回家再聊！
你在這都吃什麼啊？
還在吃那個難吃的草嗎？
你還是很怕打雷嗎？

我啊，一直都待在這啊！

你問題還是好多啊……
而且怕打雷的是你吧！

好擠
不對，你以前跟朕住在一起啊？

喔……對啦，但那個已經是很久以前的事了！

阿瑪！
我带灰胖出去一下！
記得那天我好像是被奴才帶出門，你和小招弟都有目送我離開對吧？

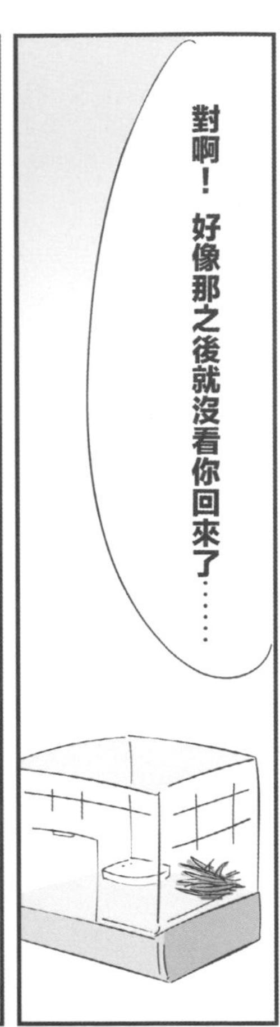

是啊，後來我就到這裡來了，
跟你現在住的地方完全不一樣。

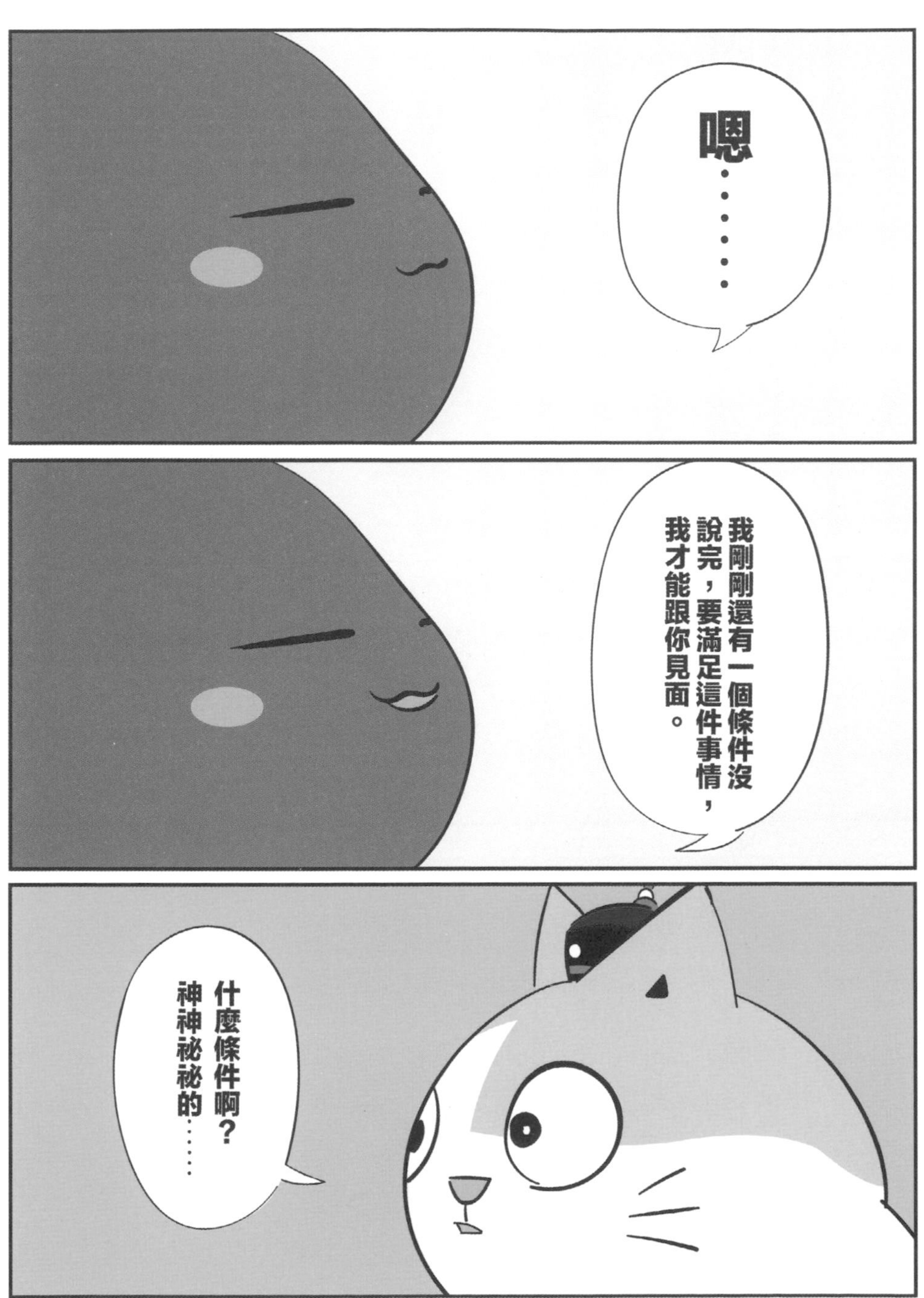
嗯……
我剛剛還有一個條件沒說完，要滿足這件事情，我才能跟你見面。
什麼條件啊？神神祕祕的……

最後一個條件就是……即將轉生的靈魂，能擁有唯一一次連線的機會，可以和想見的對象說些話再離開。

簡單來說，就是我的時間已經要到了。

灰胖，你的話資訊量
好大……好難懂。
沒關係，你聽我說……
哇～
咪
每天都有很多生命誕
生到這個世界上……
但同時也有很多
生命在消逝……

這是一件很自然的事情，
也是每個生命必經的旅程。
每個生命的長短都不一樣喔，
有些短……
有些長……
但只要曾經誕生在這個世界上，就是很幸運的一件事情喔！
啊……

朕不想聽你說教啦，朕命令你回來啦！
對了！你靈魂還在，隨便找個肉體附身不行嗎？

隨便附身……那樣被抓到可是重罪啊！會永遠不得轉生的！

蛤……

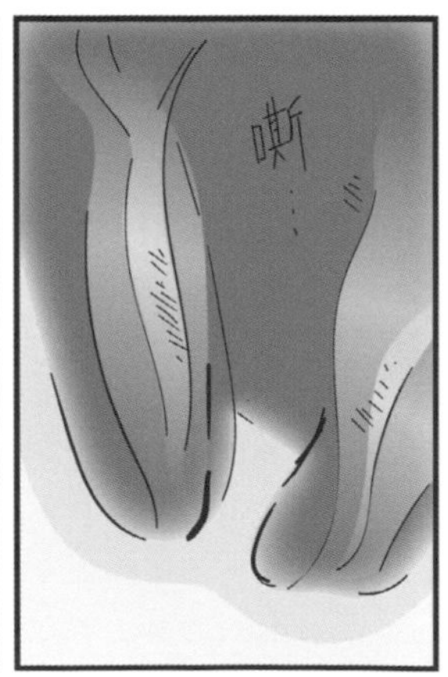
嘶

灰胖，你的手在冒煙？

對，我快慢慢消失了，
轉生的時間好像到了。
嘶……

不要……

不要消失好不好？
我們才剛見面欸！

沒辦法的，這個會客室，
其實也是轉生室，在這裡
達成最後願望，就會慢慢
消失了。

那如果……當時朕沒有許
這個願望呢？你會去哪？

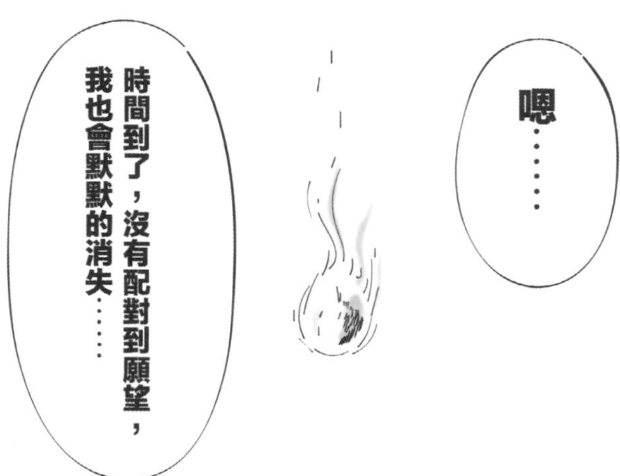
嗯……
時間到了，沒有配對到願望，
我也會默默的消失……

還好你有許
這個願望！
不然那樣轉生的話，
真的是很寂寞！哈哈
哈哈哈……

嗯？

不要難過啦！阿瑪，其實還有
一個方法，可以留住我喔！

只要你還記得我們的回憶，不管未來我在哪裡，我就永遠在你身旁喔。
草的味道有點噁心……
？
這……不一樣意思啦……你每次都這樣，把所有事情都講得很輕鬆！

好了，這房間等等就會消失了，你也會慢慢醒過來……
記得要好好帶領後宮喔！阿瑪，最後能跟你說話，真的太好了！
謝謝你的許願，你要好好保重喔！
再見囉……要記得我喔！
灰胖……

我們絕對不會忘記你的，不管你未來會在哪裡！
我們未來一定會再見面，一定會有這麼一天的！
再見了灰胖！再見了！

謝謝你，阿瑪……
阿瑪……醒醒！
阿瑪！

阿瑪醒了！
你怎麼哭了？

隔天
呵呵……

來都來了！
一定要體驗一下熱氣球啊！

嗯……景色不錯……

好刺激喔！
哈哈哈哈！
風好大喔！

可以看得很遠呢！
想回家了……
好高……

什麼時候才落地啊……

把氣球戳破就
可以瞬間落地了！

不要鬧！

哈哈哈哈哈哈哈哈哈哈
哈哈哈哈哈哈哈哈！
放輕鬆啦開玩笑的！

昨晚……

阿瑪的昏倒嚇壞大家。
雖然沒多久阿瑪就醒來了，臉上充滿淚水。
走開啦！不要看！

在這之後阿瑪沈默了很久。
直到隔天早上，阿瑪才說不用找灰胖了。

大家雖然震驚，但當時阿瑪神情很嚴肅，就沒人再追問下去了。

那個……阿瑪……

真的不找灰胖了嗎？
嗯……
是放棄了？
不……該怎麼說呢？
仔細講起來的話，滿複雜的，
所以簡單來說，應該是……

其實灰胖一直會在我們身旁，也同時不在我們的身旁啊……

因此，沒有找的必要了。

阿瑪你是不是還在暈？
果然我的力量還是很強的，可以把阿瑪打到神智不清。
反……反正朕已經找到灰胖了啦！
你們不要再一直問啦！
找到了！在哪在哪？
是不是在天上？等等飛一飛就會看到了？

也許吧……
此時的阿瑪，內心仍有許多的思緒在流動著。
灰胖轉生後去了哪裡呢？
那天的對話是真的嗎？
靈魂是什麼？
生命從何而來？

太多艱澀難解的問題，怎麼想都得不到解答。
但只要想起與灰胖的過去，阿瑪心頭就會覺得暖暖的。
這個感受非常的強烈，阿瑪因此豁然開朗了。
沒錯，不用再鑽牛角尖了……
好好懷念吧，記住此時此刻的心情，謝謝生命中的每個片刻，當然……

也謝謝你，灰胖……

又教會了朕一件事呢！

結語

志銘

這次的漫畫，開始著墨在許多貓咪性格的刻畫，讓本來看起來只是可愛的他們，變得更有角色立體感，如他們本貓一樣，大家都有自己與眾不同的成長經歷，也因此造就了現在各自展現出來的模樣。

後半段的「尋找灰胖之旅」，更是依照各貓的個性，來創造了一部齊心探尋灰胖的戲碼，透過這場出遊，找回阿瑪內心深處的失落，更是彌補了現實中我們對灰胖所懷有的種種遺憾。

雖然把這一切回到創作動機來探討，還是顯得有些掃興，但不可否認的是，透過這些故事，就好像我們真的在與貓咪們溝通著的樣子，說不定這是一種無形的感知能力，也許在這世界上真有另一個平行時空，阿瑪與後宮們還正在尋找灰胖的旅途上玩耍呢！

狸貓

第二集終於完成了，非常感謝大家看到這裡！這本書前半段，一樣蒐集了一年來生活中的吉光片羽，目前盡量是以一週一次的方式在網路上持續更新生活系列，很開心能用這種方式分享與貓咪生活的喜怒哀樂，未來希望也能持續努力下去！（對自己喊話）

說到這次的特別篇《尋找灰胖之旅》，不得不說在創作過程中，我的快樂和痛苦是強烈並存的……相較於第一集的特別篇《不想運動運動會》，這次的故事更著重在劇情，需要更縝密的安排和計畫，不只是單獨一話就能結束的故事，再加上漫畫有預計的篇幅和出版時限，因此對我來說壓力非常大，是一個滿難的挑戰。但當時決定這個主題後，就覺得它對我們意義重大，絕不能草率面對，所以我真的非常認真在創作它，記得當時畫完最後一集的時候，我真的鬆了一口氣，心裡也充滿了滿滿成就感與愉悅……這可能也是創作過程的必經之路吧！

《尋找灰胖之旅》中有一個很大的課題，就是「生命」，這也是我們平時最常被問的題目：「如果貓咪走了怎麼辦？」而在最終篇裡阿瑪的體悟，其實也就是我對這個問題的回答。當然，也希望看完的大家能思考一下，生命是什麼？如果是你，又會如何回答這個問題呢？總之，很開心有這麼多持續支持我們的你們，以後也請多多指教喔！

黃阿瑪的後宮生活 Fumeancats 貓咪超有事 2 尋找灰胖之旅

作　　者／黃阿瑪；志銘與狸貓
攝　　影／志銘與狸貓
封面設計／米花映像
內頁設計／米花映像
總 編 輯／賈俊國
副總編輯／蘇士尹
編　　輯／高懿萩
行銷企畫／張莉滎 · 蕭羽猜

發 行 人／何飛鵬
出　　版／布克文化出版事業部
台北市中山區民生東路二段 141 號 8 樓
電話：(02)2500-7008 傳真：(02)2502-7676
Email：sbooker.service@cite.com.tw
發　　行／英屬蓋曼群島商家庭傳媒股份有限公司城邦分公司
台北市中山區民生東路二段 141 號 2 樓
書虫客服服務專線：(02)2500-7718；2500-7719
24 小時傳真專線：(02)2500-1990；2500-1991
劃撥帳號：19863813；戶名：書虫股份有限公司
讀者服務信箱：service@readingclub.com.tw

香港發行所／城邦（香港）出版集團有限公司
香港灣仔駱克道 193 號東超商業中心 1 樓
電話：+852-2508-6231　　傳真：+852-2578-9337
Email：hkcite@biznetvigator.com
馬新發行所／城邦（馬新）出版集團 Cité (M) Sdn. Bhd.
41, Jalan Radin Anum, Bandar Baru Sri Petaling,
57000 Kuala Lumpur, Malaysia
電話：+603- 9057-8822　　傳真：+603- 9057-6622
Email：cite@cite.com.my

印　　刷／卡樂彩色製版印刷有限公司
初　　版／ 2021 年 10 月
初版 33 刷／ 2024 年 02 月
定　　價／ 330 元
I S B N ／ 978-986-0796-75-9
EISBN ／ 978-986-0796-69-8(EPUB)

城邦讀書花園 www.cite.com.tw
布克文化 WWW.SBOOKER.COM.TW